台北老家族的陳家菜

到老師府辦桌

陳玠甫 著

目次

尾聲 3

後記

不平凡的滋味，串起有溫度的故事

丁曉菁
文化內容策進院董事長

關於父母親、阿公阿嬤在廚房施展的廚藝，你有多少回憶呢？從古早味的灶腳到現代的廚房，這小小天地可說是每個家庭、家族的神奇魔法庫，不但是提供溫飽的所在，也是家族透過食物表達親情與愛的場所。就像電影《孤味》裡，秀英阿嬤用蝦捲這一味，從擺路邊攤到開餐廳，不但把三個小孩撫養長大，最後在台南家裡用這一味做爲頭七祭拜亡夫時的最後告別，這一味訴說了台灣母親專心致志與堅毅精神，以及人生河流中許多難以言說的遭遇。或者，我們在公視影集《天橋上的魔術師》裡，看到廚房、餐桌就在中華商場的走廊上，生活的點點滴滴在那裡既魔幻又寫實地進行，構成台灣家庭飲食與生活的另一種獨特風景。

廚房與餐桌上常見的風景，有人燒一桌好菜，有人說一桌好菜，而我們鮮活的兒時記憶，就是負責跑腿，到鄰居、雜貨店賒借，或買蛋、買鹽、買醬油。然後爐火開了，熱騰騰的食物上桌了，就這樣串起許多有溫度的人生故事，與相伴而來的難忘回憶。很多時候，吃飯像呼吸空氣一樣自然，偶爾挑三揀四，相視無語，有時讓人興奮雀躍，滿足之情躍然紙上。那些菜、那滋味，因爲那風土、那人情，食物的味蕾像被烙印在內心柔軟的深處，然後在很久以後，在不經意之間，偶然啓動了記憶的密碼，牽引出不平凡的思緒，讓人睹物思情、魂牽夢縈。

餐桌上的美味不只反映了個人的家庭經驗，也構成了人與人、與土地、與生態之間的關係，反映出文化的特色與差異。台灣這塊美麗的島嶼，四面環海，緊鄰全球最大的海洋與陸地，海產豐富，而且長期以來，從南島語族的原住民、橫渡黑水溝的漢人、到來自亞洲各國的新住民，不同民族與族群，不同的歷史時空裡，在這座島嶼綻放光芒，或者奮鬥與辛酸，還有民族多元與勇於向外冒險的性格，又將在外的經驗反饋到廚房的食物料理上。以我的家族餐桌經驗爲例，有來自母系清淡與湯水爲主的台式菜色，還有喜歡江浙、辣味的父系經驗，以及其他親族對廣東港式煲湯飲食的偏好，從廚房到餐桌，儼然像是台灣族群多樣性的縮影，以及生活多元化的色彩。

二十年前玠甫曾經和我在公視新聞部共事，這次的著作是以台北老家族家宴菜爲核心進行的飲食書寫，全書首次公開陳悅記家族從過年、祭祀、節氣、與父母親等面向發展出來的家宴料理。書中大方公開各式菜餚，但讓人印象深刻的，不僅止於美食與食材的精心描繪，也傳達家族一代傳過一代，用口述或文字記錄嚴謹的料理紀錄，讓人看見家族對食譜紀錄保存與傳承的用心。菜餚更反映出來台的陳悅記家族，兩百多年來，歷經移民、遷徙、殖民、平民化的大時代故事與融合多元樣貌的料理。

全書寫作淺顯易懂，信手拈來、一氣呵成，肯定有玠甫個人優異的媒體經驗以及傳承自家族的文風，才能寫出對家族菜餚的如數家珍，而且仔細咀嚼，又能讀出作者慎終追遠，以及努力想為家人與在地文化傳承做些什麼的幽深情懷，著實增添了台灣餐飲故事迷人豐富的篇章。

台灣，充滿了多元的歷史與文化，日常生活中也塑造出台灣餐飲的獨特與多樣性，不過許多我們曾經熟悉，或特定時節曾出現在餐桌上的美味食物，隨著時代發展而物換星移，或因生活便利的需求，而逐漸被遺忘與消逝，被遺忘與消逝的不只是食物，而是食物所聯繫的情感與故事。

故事是台灣人的豐富文化資產，婆娑之洋，美麗之島，俯拾皆是題材，故事何其精彩，期待一起攜手，透過文字、聲音、符號、圖像、影像，以各種方式記錄、轉譯、創新，定義屬於台灣的舌尖美味與充滿溫度的幸福滋味，讓世界從飲食文化，看見台灣的文藝復興之路。

一道菜，鑄就記憶裡的「老靈魂」

方文山
華語流行音樂作詞人

一首歌能聯想起一段記憶，一道菜也可以。推開陳家府的大門，是來自老手藝的款款香氣，目及所至，最先是鼻子，然後是大腦中浮現溫情而果敢的家族故事，最後才是咽入喉中的那絲餘味。

誰能不喜吃？我喜歡蘇軾，也並非僅爲「竹杖芒鞋輕勝馬」，也羨慕蘇軾對吃的「品味」，一道小火燜肉就能留芳傳世，一條黃州魚也能讓人隔著詩文吞咽口水。也是因爲他，小火慢燉、精耕細作，使美食能解口腹之欲，亦能登大雅之堂。

台灣的美食衆所皆知，從小到大，風味小吃便是記憶中最濃郁的一筆。早年這些小吃，大多以寺廟周邊發家，人們上寺廟燃香，便聚集了一連串的小吃商販，久而久之，廟前的小吃就成了大家口中相傳的好滋味，所以台灣小吃也被稱爲「小吃之大宗」，成了台灣人心中獨特的情感記憶。

怕是嘴巴裡住了個「老靈魂」，或是因爲小吃最嚐嘴，短時出差我也會想念麥芽花生糖、蚵仔煎、滷肉飯……這些菜，哪怕同樣食材，其他地方卻總做不出老家的口感和味道。這種差異也一度形成了我記憶中的「固有美感」。我常說，主觀上的文化差異，其實是客觀比對出來的，如果世界上只有一種民族、一種語言、一種建築形式、一種風俗，一種價值觀，那就沒有所謂的本文定義中的「文化」了，美食也是如此。

除了一道道琳琅滿目的菜譜，在這本書中，菜餚竟也成爲家族記憶的碎片，串聯起一道歷史長河、功名利祿俱往，陳家人世代拜菜，更將菜餚做爲祭祀文化的重中之重。所以這本書，作者說是「爲了家人而寫」，也足以見其情感浸潤之深。而奶奶口口相傳的製菜祕方，伴隨著文化、祭祀典故，承傳在陳家女人之間的菜餚，成了一代代追索往事的重要線索，道是「嘴巴騙不了人，更騙不了陳家人」。

像他寫「豆瓣鯉魚」，寫的是魚，但又非魚。寫的味道，也是人情故事，而這道豆瓣鯉魚卻是讓手藝高超的其母既愛又恨之菜餚，因父母二人念書相識相知都圍繞著一家川菜館展開，最讓其父摯愛的便是這道鯉魚，而母親又懼怕鯉魚刺，而後這道菜也成爲其母的拿手菜，卻從未嚐過一口。從這一細節，便可窺其情分濃郁，小小一道菜，一張飯桌，承載的既是飯前察言觀色，也是飯後談笑風生。無怪說，一頓飯落肚，才是眞正的舒意暢快。

這樣的關係構建也確然有了族人「各司其職」的意味。在陳家府裡，其父便是一位美食家，其母則是應對任何菜色俱遊刃有餘的民間大廚，一個愛做菜，一個愛品菜，二人的情感維繫，和美食相關，以美食昇華，也成「天作之合」，這點著實有趣。想必，對作者本人也是如此。如美食一般，對文化和記憶的傳承，祖祖輩輩何嘗不皆以耳濡目染延續下來呢？

現如今，人們的眼睛和味蕾一般「刁」，像美食家，審視著一本書，如一道菜的色、香、味。無論是排版、插圖、配色……字裡行間，便是菜餚透露出的獨特匠心之處。

隨這一段段記憶，組成了陳家府籌備已久的餐宴，邀請往來者皆入席，才有了這本聲色並茂的作品。

所以當讀者翻開這本書，在閱讀文字的間隙中，其實也是在「嚐味」。願你與我一般，閱後近悅遠來同安樂。是好味道，也是好想念。

推薦文

又一次的驚豔

趙怡
國際佛光會中華總會總會長／國立政治大學副校長

一九八七年夏，我自美回國到母校政大任教。在指南山下的校園裡，我結識了一群才思敏捷、純眞爛漫、滿懷理想的青年學子，而在三十多年後的今天，也見證到他們在各個領域上的卓越表現。其中，氣宇軒昂、帶著一身書卷氣的陳玠甫，特別顯得與衆不同。

這些年來，我和玠甫時相往還，每次碰面都從他的蛻變中感到意外的驚喜，而他源源不絕的創新思維也總能引發我的興味與關注。

玠甫畢業後曾擔任電視新聞主播，始露頭角卽飄然遠適彼岸，成爲幼教連鎖機構的創始人；再見面時，他又在蘇州河畔、西湖岸邊和浦西鬧市中，開辦幾處外型如亭台樓閣、內部陳設充滿古意的藝文茶樓會舍；約莫十年前，他在上海組織大批學生到名都勝地攝製影音資料，說是要爲歷史留下圖檔；最近一回接觸，竟是在台北迪化街古厝中，聆聽他喜孜孜地描述著將如何把在地文化發揚光大。

玠甫出身大稻埕世家，但前半生事業的軌跡都未曾脫離對傳統中華文化的追尋、保存、傳承與創新。細數他的成就，則應歸功於深埋在性格原型中的率眞、熱情與對理念的執著。這正是他與一般時代青年不同之處。

《到老師府辦桌：台北老家族的陳家菜》的付梓帶給好友們再次的驚豔。他雖以老家的飲食炊作爲題，端上桌的菜色盡是上下古今的文史情懷和深沉而濃郁的家國之思。我很難相信有誰禁得住這席珍饈大餐的誘惑，不趕緊來大快朵頤一番呢？

推薦文

做一個有「品味、品格」的人

林俊明
霧峰林家宮保第園區／林本堂股份有限公司總經理

首先要感謝好友蔡心介紹與玠甫兄相識，因此有因緣參加了「台灣老家族聯誼會」，經這幾年與老家族在台灣各處參訪老家族古蹟及其歷史後，再看了玠甫兄所寫的《到老師府辦桌：台北老家族的陳家菜》，從陳家的傳承、祭祀、飲食，想到蔣勳老師所說的：品味、品質、品牌，我覺得總括來說就是「品格」。

四年前受法國設計師聯盟邀請至法國交流，得到一個非常重要的觀念，古歐洲人將人分成不同的階級，最高階是「哲學與藝術」，再來是「科學」、「教育」、「政治」與「經濟」，而現在的社會，順序剛好反過來。

我就問爲什麼古歐洲人把「哲學與藝術」放最高位？他們回答：只有哲學家與藝術家能讓「人」快樂，科學能讓我們科技進步、生活方便而已。讓我想起中華歷史也有異曲同工的觀念，這和「士、農、工、商」是相同道理。

老家族有好的哲理，優雅的藝術與生活是讓人「尊敬」，而如只是有錢的家族是讓我們「羨慕」。「陳悅記陳家」、「文山劉家」、「蘆洲李家」、「新竹鄭家」、「霧峰林家」等等，都如現在的「社會企業」，取之社會用之社會，蓋宮廟學堂等等回饋鄉里，也就是所謂「當我好了，也希望你好，如果大家好更好」。

祭祀的傳承除了儀式外，最希望能傳承的是，先人們受人「尊敬」的事蹟及精神，飲食在傳承「感恩」先人的恩澤，爲我們打下的基礎，做先人喜歡吃的菜餚來感謝先人。感謝玠甫兄寫了這本書，讓我們更看到「復興優雅文化」的重要性，讓我們一起來做一個有「品味、品格」的人，繼續傳承下去，共同來造就「幸福美滿的人生」。

開篇

北台灣的老陳家

台北有個劍潭，但是劍潭有沒有鄭成功掉下的劍？台北還有個大龍峒，大龍峒的龍在哪裡？以及國定古蹟老師府的老師說的是什麼老師，都是台北圓山一帶耐人尋味、困惑不少人的稱號，而這一切都和大龍峒的老師府陳悅記有關聯。

尋味以追遠

這幾年每當天氣要熱不熱、該涼不涼的時節，在我的手機行事曆響起鈴聲提醒前，媽媽一定早早催促著我：過幾天是父親的忌日，要開始準備菜了。中壢老街的炒牛肉自己做，要準備好黃豆瓣和薑絲；新生南路某川菜館子的豆瓣鯉魚，要先打電話預約有魚卵的和粉蒸排骨；還要記得買內湖那家老婆餅……祭祀的時候要拜菜，是台灣不少家庭的傳統，爲過世的親人準備他愛吃愛喝的給他吃，燃起一炷香懷念他的時候，嘴上還要喃喃說道準備了哪些菜餚、請他品嚐。拜菜在我家，除了是優良傳承外，也非常鉅細靡遺：娩忌（也就是生日）和忌日都要拜，而且往前推六代以下的男祖宗女祖宗都要拜。這好像是因爲奶奶接手、媽媽再接手，負責廚房大後方的女當家不敢或忘任何慣例，所以隨著時光挪移，祭祀名單上的人也愈來愈多，從來沒有一個被刪減或是遺忘過。媽媽有一本筆記本，記錄下各個祖先的生日、忌日，當然還有他們愛吃的點點滴滴。我的心裡家中有三寶：祖宗的老醫書、爸爸逼我背誦的詩詞手抄本，再來就是媽媽的祭祀寶典。感謝歷代祖先對於吃的追求，以及擔任後勤主管的歷代婆婆媽媽，他們的盡心盡責，祭祀拜菜後這些佳餚都上了餐桌，成了我們陳家百多年的記憶、味道。

對於還是小孩時期的我來說，認識的人都還在身邊活蹦亂跳的，拿著香拜的祖宗們卻是從沒見過，所以祭祀的時候主要圖熱鬧，聽聽大人們在說些什麼，再來就是等著吃大餐。古人打牙祭的說法也是因爲祭祀而產生的，所以打牙祭用在這裡恰到好處，只是我一打就是四十多年，父親打了七十多年，若從奶奶嫁入陳家起算也打了超過一甲子。

當我年近四十的時候，奶奶離開了，四十歲的時候父親也走了，祭祀和追思這件事情對我來說感同身受，深有感觸，不再只是熱鬧熱鬧，而已經到了實質的精神層面。

小時候就只是跟著拜，沒有與祭祀的對象相處過，確實也難以融入奶奶或是父親那一輩的追思情境。比方說拜爺爺的時候，叔叔一定會點上三五牌香菸放在供桌上，我頂多是跑腿去買菸，或是雞婆地搶著打火柴。對奶奶和父親而言，爺爺在世時抽菸的情景一定不停在他們的腦海出現。祭祀拜的對象是誰、是幾代之前，從前的我是完全記不住的，相信對家庭其他成員來說，也有同樣的狀況。數十年以來，祭祀備忘是寫在牆上大大的農民曆上，厚厚的一本、一天一張內容豐富但薄薄的紙，隔天就撕掉；十年前，弟弟按照族譜，論資排輩地把人名、生日與忌日打成圖表，一目瞭然，成了祭祀備忘2.0版本。這幾年媽媽玩智能手機的技術精進不少，弟弟再度升級祭祀寶典到大家的手機行事曆，來到了3.0。

提醒的方式是方便了，不過祭祀相關的拼圖還是有些不足，也是幾年來我開始想弄清楚的：列祖列宗們除了愛吃某些料理，除了該稱呼爲曾祖父、曾曾祖父、曾曾曾祖父母……他們在世的時候做了些什麼事情？如何繼往開來？嚴格說來，往上推演是陳寬記公業、再往上是陳悅記，這麼多代、上下兩百年，儘管知道了年節和祭祀該做什麼菜、得吃什麼，卻已經無法滿足我的好奇心，我開始展開了對於陳悅記、對於祖輩們都做了什麼事情的探求，希望拼湊出整體的拼圖；畢竟吃很重要，但是要能吃得好、吃得久遠，總歸要有點本事能耐、要有凝聚子孫的力量。超越了祭祀實操面、瞭解跟認識層次更深的人事物，使得祭祀起來更帶勁更有感覺：拿起清香一炷，不再只是報菜名，而有更深層次的對話，甚至能夠告訴他們，我做了什麼能夠讓他們開心的事情。

從奶奶、父親的離開，引發了一連串對於祭祀拜菜的連鎖反應。爲最親近的人準備儀式感十足的祭祀，特別在手機找資料的當代，每個人聊起習俗的切入點往往不盡相同，也都會找機會問問朋友的家是如何安排祭祖。諸如準備水果應該是四果還是三種素果？需不需要鮮花？蠟燭的尺寸？紙錢燒多少才正確？是否可以更換電子香？香過半就算祭祀結束了，還是一定要擲筊、問祖先吃飽了沒？朋友還告訴我天公爐該怎麼掛、先人畫相遺照一定得貼著牆，台灣祭祀只拜三代……我們家可能是因緣際會，所以祭祀的源遠流長到了六代前，造就了我們對前人的故事追溯不限於父親或爺爺；也造就了百多年來祖宗們愛吃的菜竟然有模有樣地在陳家的餐桌保留下來，一絲不苟。

每每看到美食節目，著重介紹的美食構成要素都在於如何愼重選材、如何使口感絕妙，做工細膩繁複，然後圍盤別出心裁，最終吸引大家瘋狂拍照。不過想想我們老陳家的料理，因爲祭祀，綜觀一百多年來的家祭家宴菜，費盡心思地想讓長輩吃得好、吃得舒服，因此在追尋菜的起源之前，弄清楚老師府陳悅記的歷史脈絡應該是很有意義的。這是一本談怎樣的家庭會讓後代恭敬規矩那麼久的書，持續疊加不斷不墜……於是在開篇之處要慢慢講古了，了解一下老師府陳悅記是什麼樣的家族。

大龍峒老師府「陳悅記」

台北有個劍潭，但是劍潭有沒有鄭成功掉下的劍？台北還有個大龍峒，大龍峒的龍在哪裡？以及國定古蹟老師府的「老師」，說的是什麼老師？這些都是台北圓山一帶耐人尋味、困惑不少人的稱號，而這一切都和大龍峒的老師府陳悅記有關聯。

台北是陳悅記家族從福建泉州同安移居台灣，經商致富尋尋覓覓後，決心起大厝的地方。陳悅記可不是人名，也不是某個餐館的名字，是大儒商陳遜言做生意的商號之一，後來成爲這脈陳家人的公業號，這可是趕著當年商號、堂號的流行趨勢：用自己的姓做爲第一個字，取一個適合的名字擺在中間，然後最後面用「記」字結尾；例如，陳遜言有很多兒子，所以陳悅記下一代又衍生出陳恭記、陳寬記、陳信記、陳敏記和陳惠記。

至於老師府的名號，是社會各界給的雅號。從戰國時代荀子就開始說到的天、地、君、親、師，是最被中國人尊崇的五大對象，一般人做不了天地、當不成國君和大家的父母，老師就是彌足珍貴的尊稱，不是想被尊敬爲老師就能當得起的。陳遜言頂著秀才的頭銜，弱冠之年橫渡黑水溝來到台北，致富後積極在北台灣推廣文教、興辦書院，他的小孩出了兩個舉人、兩個庠生、兩個貢生，著實是滿門功名，其中陳維英還到了福建、北京負責教育公職，在台灣作育英才無數；在清朝晚期不到半個世紀，就讓北台灣的文教風氣從台灣尾成了台灣頭，間接促成一批批頂著功名的士子投入台北的建設，影響深遠一直到百多年後的今天，定下了台北爲天龍國……不是，我是說，爲首善之區的格局。於是，陳悅記被尊稱爲老師府不僅僅在台灣，乃至整個晚清絕無僅有。陳遜言是我的高祖、陳悅記是我的祖厝，在這本書一開始就扛著老祖宗的大旗介紹我自己出場，榮幸！榮幸！

文謅謅的書卷氣息外，當年的北台灣還是有精武氣魄的，畢竟淡水一天到晚遭受海盜襲擾，還要面對留著大鬍子的法國人，北投的硫磺礦、關渡的砲台、劍潭的水師操練基地、大龍峒的練兵場（現在爲啓聰學校）、大龍峒金獅團練，這些個威猛陽剛的事物竟然也跟老師府相關：爲了地方的持續發展，文治武功想必是當時大家族必須得下功夫的；北台灣的陳氏宗祠陳德星堂因爲陳悅記而誕生，後來被日本人拆了蓋總督府，想了就很氣！修宮廟、造橋鋪路，地方家族回饋社會的入門事務，陳悅記做了不少；最有意思的是訂定和沿襲陳德星堂、台北孔廟、覺修宮的祭祀法統、培育北管樂曲，看起來，在一切都剛剛起步的台北，老師府陳悅記更有點想「制禮作樂」的味道！根據史料，我推測當時概況，對於要說一本故事的我，用這樣的開場把場面說得波瀾壯闊，情景創設得高大上、敲鑼打鼓，看是否能成功吆喝一幫看倌掌聲鼓勵。

話說回來，我做爲大龍峒老師府第九代（請參照本書第五十二頁），一直都只能與有榮焉，自己尚無法闖出什麼名堂對得起列祖列宗，相較於「龍」與「老師」這兩個高高在上的辭彙，彷彿有著鮮明的反差。龍生龍鳳生鳳，名師能夠出高徒，然而我連龍尾巴都搆不上，讀書更是不高明，從小調皮貪玩、屢教不聽，十足的問題兒童。八年抗戰時期有句名言，叫做「曲線救國」，意思是跟強悍無理的日本人不能硬幹，策略手段要迂迴要間接；父親可能是捨不得太早放棄我，在長期高壓管教沒有產生效果的同時，也懷柔地採用曲線救國的另類療法救我，不停地跟我說老師府陳悅記的故事，也讓我背誦叔祖的詩句，企圖讓我萌生羞愧之心，希望使我見賢思齊的意念相當明確。話說我才兩歲半，話都說不清楚，畢業於師大中文系的父母就讓我背誦了上百首的古詩、唐詩，其中叔祖陳維英的詩句必不可少，不但是自家人，而且被推崇爲「北台文宗」。

小試休誇屢冠軍
士先論品後論文

梅因骨勁不驚雪
竹以心虛易入雲

這首詩實在讓我印象深刻，這不但是叔祖陳維英用來警惕自己得意門生的，也成爲父親時時刻刻提醒我的。父親還在書房畫了一幅墨竹，「竹以心虛易入雲」這句詩就以隸書書寫在畫上。

路入田中人半隱
牛歸苗裡草交加
千般眼界輸飛鳥
萬里江天任落霞

幼兒讀詩詞很有意思，別有感覺，像是這首說到田、人、牛、鳥，對於當時的我來說就是一幅畫作，想像的不是哲學意涵，而是生動的生活景象：人走到田裡、牛躺在草叢、鳥在飛、淡水河……背誦得快，然而如今想起來，是大家族自我警示、謙卑再謙卑的代表作。

有蘭有蘭
怯日宜露
竹以為棚
伸縮朝暮
欄杆三片
蘭花幾箭
人在中央
香圍四面
小小結構
大大得宜
此中清福
安想忘癡
臨數行字

作數句詩
飲數杯酒
下數子棋
形骸之外
二三知己
竹几石凳
月片風絲
人靜人靜
露滴花枝

這首詩超有意境，一百多年前公務繁忙之餘，閒適的景色，躍動於眼簾。維英祖到底淸閒過幾天不得而知，不過父親倒是很有閒情逸致，書房外的陽台彷彿正是以這首詩爲設計圖所打造的，養上蘭花，我小學之前的諸多日子，就在陽台的藤椅上背誦一首首詩句。

另外一件印象深刻的事情，是民國七十年代，三台在週末晚上九點固定會聯播半小時公共電視的節目，其中有幾集介紹了老師府陳悅記和三代叔祖陳維英。當時大家都沉迷在《楚留香》、《天蠶變》、《一代女皇》等一週才演一次的連續劇，卻有幾次特別的週末，我搬著椅子到電視前不是看戲，是父親特地把公共電視節目介紹的陳悅記報導側錄下來要我看：無非是介紹陳悅記對北台灣的許多貢獻，像是第一代祖陳文瀾做爲仁醫照顧鄰里的故事，陳維英如何從不愛念書的學生變成了北台文宗，說他到福建做官，讓原本不太看得起台灣人的福建官場變得對陳維英讚譽有加。報導中也提及陳悅記對北台灣巨大的文教貢獻，而同樣作育英才的父親，蒐集許多老師府陳悅記的報紙報導，還用紅筆畫上紅線要我唸。大概從我開始能走的年歲，父親就迫不及待地帶我去保安宮、台北孔廟、圓山動物園，看著門口碑文介紹跟陳悅記相關的典故。

民國六十年代，父親扛著笨重的攝影機，要我擺姿勢看鏡頭，跟這些陳悅記的軌跡一起錄下來，有點像是老師府與我的ＭＶ特輯，但我深知，父親是期待我也能像他一樣，以擁有這樣一個造成北台灣文風鼎盛一時的祖先爲榮。家中大廳掛著祁寯藻題、翁同龢書，關於陳悅記開山祖師畫像的文字，父親總是手拿著細長的木棍，指著上面秀麗的書法，教我識字；父親成了我的家族史啓蒙老師，眼中不時地顯露出期待。

父親是說教大師，說起道理來頭頭是道，而且可以滔滔不絕，但是除了教化我們之外，他大部分的時間都是沉默寡言的。不太外出社交應酬的父親，在家裡就是寫大字、看書、聽音樂，還有他喜歡的藝術創作。心血來潮，唱平劇拉二胡，十足的宅男。嚴肅少言，但是當父親喊我坐到他的面前、要跟我說事情，我會趕緊喝水上廁所，因爲一坐下應該會是一堂課的工夫。

循循善誘的本性也許因爲父親一直擔任高中老師，也應該是老師府後人的緣故；不過他總是板著臉，很嚴肅地用閩南語對我說了好幾次：「你爸我是來無及了，以後就要看你了。」讓他說出了重話，是因爲我是一個過動兒，調皮搗蛋、功課無法名列前茅，導致父親有種破釜沉舟的下意識。我小學的時候，他買了一本軟木封面的記事本，在封面上用毛筆寫上「沉靜」兩個字，蓋上他自己刻的章，要我放在書桌上當座右銘。

這也許就是潛移默化吧！父親是很有氣場、有感染力的人，我再如何都無法抗拒不受教，於是，改變悄悄發生。雖然年幼的我沒法達到頓悟，國中前都沒有多亮眼的表現，但慢慢地，確實也自覺應該上進一點。結果，我的成績緩步上升，責任感逐漸加強。現在已為人父，回想起父親對我的種種殷切期勉，終於可以感同身受了。

港墘陳氏列傳：北台文宗陳維英與台灣第一網紅陳培根

「好好做人做事，以後有點小成就，外人說起來，會提到你是老師府的人，這樣才對得起祖先。」國中時父親重複對我說的話，一直記憶猶新，所以除了學校教的歷史，陳悅記是課堂之外要最努力背誦的，剛好補足了台灣史鄉土教學的學分。最好的描述方式，就是從列祖列宗一個個唱名開始。

每次說起先祖們的故事，父親總是先把我叫到跟前，要我專注坐好，然後娓娓道來，會有若干篇幅的前情提要，導致他每次說，而我卻猛點頭——打瞌睡，話匣子打開的父親總是很難停下來。

說起高祖陳文瀾淡水行醫，如何懸壺濟世，對鰥寡清苦不收取醫療費用的種種善行；提到二代祖陳遜言如何仗義疏財致力文教，例如艋舺的學海書院就是他捐資興建，大陸北方饑荒，遜言祖從台北運糧食到天津紓困。嘉慶十二年（一八〇七年）遜言祖以「陳悅記」爲商號，興建了陳悅記宅第，奠定陳悅記天字一號的基礎。被清朝授予「通奉大夫」官銜的陳遜言，對台北早期的建設與社會服務付出巨大，根據記載，遜言祖得到北台灣老百姓的愛戴，往生後爲他送葬的民衆人數多達七、八千人。三世伯祖陳維藻是台北第一個舉人，「北台文宗」三世叔祖陳維英故事更多，北台灣的舉人秀才泰半都是他的門生，陳維英擔任閩縣教諭、仰山書院、學海書院、樹人書院的校長。被舉薦爲「孝廉方正」授予內閣中書的陳維英，其實也就是名義上咸豐皇帝的老師，陳悅記後來被尊稱爲老師府，當地行政區叫做老師里，都是因爲有個鼎鼎大名的陳老師。

大文豪陳維英的楹聯遍布北台灣各宗廟名勝，著作等身。陳維英做爲一個富二代、十足的文化人，卻也相當英勇。當年台灣是個內鬥很在行的寶島，台灣閩南移民在搶地盤的努力可以說十分顯著，分類械鬥不斷上演；陳維英以北台灣領袖的身分，多次出面調停包含泉漳械鬥、頂下郊拚等族群紛爭；曾經造成中台灣動盪持續三年的戴潮春之亂，是以戴潮春為首，中部地主起兵稱王的民變，規模龐大，台灣中南部幾乎陷入大混戰！當時清朝正忙於平定太平天國之亂，完全無力顧及，戴潮春三年之亂甚至撼動到福建、台灣的糧食供給和經濟穩定，清廷多次仰賴台灣地方家族協助平亂，陳維英也組織團亂參與，因此獲賞頂戴花翎，官至四品銜，是當時領袖級人物，動靜皆宜的典範代表。

要說文治武功兼備，老師府陳悅記當之無愧。先說文治，清代近三百年的歷史，台北擁有文科功名的有一百三十二人，陳悅記在創始者陳遜言經商成為巨富之後，除了第三代子嗣出了陳維藻、四子陳維英兩位舉人外，短短五十年內獲取科舉功名的就有十八人。再說一次，五十年占了整個清朝將近百分之十四的比例，更包辦大龍峒所有名額。至於武功，陳悅記家族也是北台灣團練代表：舉例來說，三子陳維菁擔任布政司理問，曾經與弟弟陳維藩率水勇數次擊潰海賊、小刀會匪，陳維藩也因此有軍功頭銜。

在一波波好人好事代表當中，在血脈上與我最親的是曾祖父陳培根。我與他老人家無緣相見，儘管從小很愛吃培根，但是一直不知道盤中美食與曾祖父兩者之間到底是什麼關聯，卻也因此對於曾祖父的名字記憶深刻。「培」是陳悅記第六代的輩分名，曾祖父有幾個頗有影響力的堂兄弟，例如陳培謹、陳培櫟，都是培字輩。根，慎終追遠不忘本，也有做爲家族基石的意味。在沒有培根這個舶來品食物的年代，取名培根是有深遠而積極的期待，只不過世事難料，飄洋而來的食品音譯後偏偏選中了相同的名字。曾祖父陳培根果然不負所望，除了本身好學，具有詩人和攝影家的頭銜，也是大慈善家，而且慎終追遠，一心一意想要將先人的德行、對北台灣文教、祭祀、禮樂的付出傳承發揚。

舉個例子，艋舺的學海書院爲陳悅記捐建並且貼補日常支出，清朝晚期每年固定有春、秋兩祭，祭祀朱子、陳遜言、陳維英，在當時是北台文人的盛會。日本統治台灣後，第一件文化清洗就是把象徵文化傳承的書院廢止改制，祭祀活動也因而荒廢。根據《日日新報》的多篇報導，日本統治下的陳培根，號召族人恢復停擺多時的祭祀活動，重新在隆重的三獻禮中追思先賢，凝聚宗親和文人的力量。

日本殖民前，有科舉功名的文人大多是地方的意見領袖，日本的統治斷了台灣年輕人繼續透過讀聖賢書參與政治的機會，日本統治階級除了停止書院運作、拆文武廟，也宣導斷髮鼓勵脫離清朝遺民的殘念，後來更不允許台灣人放置祖先牌位祭祖。陳培根不知道是不是藏著一批熊心豹子膽慢慢吃，一次次在日本人眼皮底下「胡作非爲」，先是邀集文人墨客在他的別墅「素園」召開「守髮宴」，後來更捐出素園部分土地將近三千坪，興建台北孔廟。太霹靂了我的曾祖父！所以，當時算是獨家發行、台灣最早的報紙《日日新報》，一天到晚有陳培根與陳悅記的報導：包含守髮宴開宴、獎學金發放、救濟台北乞丐、祭祀活動、陳悅記新茶上市和外銷情況，包羅萬象、應有盡有。若活在二十一世紀，陳培根堪稱「台灣第一網紅」不為過。而在他的努力下，老師府陳悅記點擊率居高不下，成為日本人研究北台灣文化必定造訪的地方，陳維英的墨寶、文學著作也成為日本研究台灣漢學的必修課。

陳培根也是貸地業界的大咖，並且創辦大龍峒信用合作社，後來更名台北五信。我一直覺得很可惜，陳維英與陳培根都是在紛亂年代中以德服人的地方領袖人物，但是都英年早逝。曾祖父生前覓得蟾蜍山的陰宅寶地，決定長眠於此，並且大手筆地把大片山坡地捐出來供做大眾墓地，結束精彩的人生。

陳德星堂變成總督府

祭祀是家族記憶里程碑，從哪裡來，期待往哪裡去，都在祖譜上、墓碑上、墓誌銘與持香祝禱中體現。陳悅記起家之初，就先有公媽廳，並祭祀陳氏三先祖陳胡公、潁川侯和開漳聖王。因唯恐忘祖斷根、譜牒不修，也將泉州同安舊譜抄回台北。咸豐十年（一八六〇年）陳維英在公媽廳中設的陳氏三祖神位，成爲當時北台灣陳姓設堂祭祀的濫觴，因而許多陳姓外人也跑到陳悅記的公媽廳祭祀，成爲奇特的現象。

隨著台北建城，知府陳星聚號召陳氏族人在台北修陳氏宗祠，並以「陳德星堂」爲名。以陳悅記爲首的北台陳家奔走集資下，陳德星堂於文廟旁隆重落成，並遵循陳維英的想法制定每年春、冬祭祖的禮制。然而，人算不如天算，好不容易建立的宗廟，不過持續三年的香火，就斷在日本人手上。垂涎台灣的日本人，發動戰爭擊敗大清水師，頂著簽好的條約搖擺地步入台北，先是占領了文廟（現在的北一女）和武廟（現在的司法院），又看上了一旁陳德星堂的好風水，不但毀了文武廟，也拆了陳德星堂，北台陳氏宗祠因而畫下休止符。

數年之後，原本陳德星堂典雅的閩南建築，搖身變成了日本仿效歐洲巴洛克式建築的總督府，陳家宗祠成了日本統治的行政中樞，就是現在的總統府。當年，陳家眞的是欲哭無淚，當時統治台灣初期還有點良心的日本政府，最終拿出寧夏路旁的土地做爲交換，陳德星堂才在民國元年再度落成，不過規模卻小了許多。

陳悅記起家於大龍峒，在大龍峒當地造橋鋪路，投身宮廟和文教應是理所當然，也是大部分老家族都願意爲地方付出，做力所能及的建設，因此保安宮的兩次大整建，第一次由陳維菁、陳樹藍主導，第二次是陳培根。樹人書院、台北孔廟、覺修宮，基本上是陳悅記捐錢、捐地完成的。陳悅記將後花園捐出興建的覺修宮，後來分香成立了行天宮，算是台北道教聖堂。有土斯有財，先祖四處購地，地產遍及大台北地區，因應土地、經商插旗的範圍，做好鄰里關係，社會貢獻的觸角也不斷擴大；站上了歷史舞台的老師府，有時也得響應政府號召、建立人際網路，於是身在江湖的老師府陳悅記一次次走出大龍峒，參與許多公衆事務，出錢出力。

陳德星堂當時做爲北台灣陳姓祖廟，是由陳悅記主導興修；文化教育重要指標包含台北最早也最具規模的學海書院，是陳遜言祖響應淡水廳同知，也是他的麻吉曹謹的號召興建，還不忘叮囑陳維英繼續用租金收入支持書院運作。創立於同治五年（一八六七年）的淡水明善堂是台北最具規模的慈善機構，由當時淡水廳同知嚴金清請託陳維英登高一呼、搖旗吶喊，帶領泉州籍仕紳出資創立和維護。新莊武聖廟、三重先嗇宮、艋舺清水巖祖師廟，也都是具有地方指標性的宮廟，需要募款維修，陳悅記也參與捐款。淡水廳城、艋舺到景美的艋南義路、淡水公司田橋，屬於地方建設的公共事業，因爲陳悅記在關渡和淡水也有地產，加上陳維英有學生是艋舺、景美地方人士，在修築過程中陳悅記也沒有缺席。比較特別的，是位於台中大甲林氏貞孝牌坊，已經遠遠離開陳悅記的勢力範圍，依舊爲了支持社會良善風氣，參與興建。

陳悅記讓台灣尾變成台灣頭

占地六千坪的老師府陳悅記，原來範圍比現在大得多。二十世紀初，先是門口的練兵廣場被徵收，成爲現在啓聰學校的前身，也導致陳悅記原本朝南的大門被迫改朝西開，原本的後花園捐出來修建覺修宮。最令人唏嘘的是隨著延平北路的開通，硬生生地把老宅的院子變成了道路，還因此拆了一對舉人旗桿。

原本一直連通淡水河的碼頭腹地成了汙水處理廠，東側接待清朝官員的驛館無端拆除，現在被劃成了停車格。連雅堂曾經描述陳悅記建造人陳遜言是北台灣藏書最多的人，但是原有的藏書閣已經不見蹤跡。也許是陳悅記族人自恃太高，也許是不習慣左右逢源，透過討好當局維護自身利益，執政者的大筆一揮，好端端的宅院一再退縮，成了現在的規模。

初建於清嘉慶十二年（一八〇七年）的陳悅記祖宅是台灣很少有的單脊式燕尾頂、四落的舉人宅第，興建形式爲當時福建最流行的伸手護龍合院；因爲人丁繁衍，又在最初公媽廳右側增建相同形式的公館廳，成爲「雙拼雙護龍」的特色四合院。陳遜言本身經營料館（木材行）致富，因此起造住宅用料時，選用極爲珍貴而耐久的肖楠木、烏心石、牛樟。陳悅記祖宅有台灣保留最完整也最多的舉人旗桿，這是因爲當初獲取科舉功名時，有經濟實力豎立石旗桿，取代慣用的木製旗桿，因此保留至今。

老師府陳悅記同時也是台灣匾額最多的宅第，可惜年久失修，一直到民國一〇九年才開始在政府的支持下著手調查研究，走上根據歷史完整修復的第一步。

最令人扼腕的是，原本懸掛在公媽廳的聖旨盒，也是台灣私宅僅存難得一見的文物，卻不翼而飛、下落不明。聖旨盒的風采，只能從民國六十年代父親所拍攝的影片中看得到，一直到民國八十年我擔任校刊主編，聖旨盒都還在，我也拍了不少照片，全部成了歷史見證。

社會關係網綿密的建構是家族影響力的一環，土地資產的取得是持續影響力的重要根基。創立陳悅記商號的陳遜言時期，最常往來的就是新竹林家：若是以個人名義，就會用陳遜言、林紹賢的名字共買土地；若是以商號名義，陳悅記會和林恆茂、林祥記合資，陳悅記等同和當時淡水廳首富一起購置產業。道光二十一年（一八四〇年）陳遜言遺囑中所載明擁有的土地，涵蓋淡水河以東、出海口、基隆河沿岸，台北市大同區、內湖區占地最多，再來是北投區、新北淡水區，還有部分土地在信義區、新北市五股、汐止、三重。

合夥式的土地買賣成爲一種最重要的結盟方式，再來就是成爲親家，關係更緊密。林紹賢、鄭用錫、鄭用鑑在道光年間屬於北台灣最有影響力的家族，也都成爲陳悅記的親家。

其實，無論和官員或是其他家族交好，情誼和人際脈絡，都比不上做爲當時北台灣大部分具有科舉功名文人的老師來得有份量。除了學海、樹人書院是由陳悅記捐資興建，具有影響力，陳維英也是宜蘭仰山書院的山長。

「陳老師」的學生獲取科舉功名人數衆多，進士有楊士芳、陳登元，舉人有蔡丕基、張書紳、潘成清、陳霞林、連日春、鄭步蟾、李春波、李望洋、詹正南、林步瀛等十八人。學生中生員有五十二人，例如潘永清、施謙益、施謙吉、戴祥雲、陳儒林、陳雲林等，另外還有包含劉廷玉、黃元炘、葉清華等七名廩生，也有八個歲貢學生。

北台灣是清朝中期才進入開發階段，地方出個生員，就是俗稱的秀才，已經算是不得了的大事了，得熱烈慶祝一番；進士或舉人地位就非常崇高，是跨地域的領導人物。

陳悅記家族不但舉人、生員輩出，陳維英帳下更有諸多獲取功名的學生，他們來自於大龍峒、大稻埕、關渡、士林、艋舺、三重、深坑、淡水、桃園、宜蘭、新竹，遍及北台灣，也因此奠定老師府陳悅記在北台灣的領導地位，這也使得台北文教快速提升後，地方治理結合商業興盛，從「台灣尾」迅速變成「台灣頭」。

總括而言，在十九世紀，從清嘉慶到同治年間，曾經有黃金一甲子，陳遜言以秀才功名渡台發展，迅速經商致富，在文教上、台北的建設上，父子兩代付出很多，也讓台北瞬間多出了許多進士、舉人、秀才，拉近和中國早期開發地區的差距，爲文化、經濟發展奠定深厚基礎。民國九十五年，台北市政府以隆重的古禮奉陳維英入祀台北孔廟弘道祠，算是陳悅記「被消失」六十年後再次被政府開始重視。無巧不成書，在這裡很需要提起的是台北熱鬧最久、最有生命力的大稻埕。

如今走進這個台北最活躍的老聚落大稻埕，感覺風華依舊，很有歷史感，大稻埕近年來迅速成爲國內外遊客行程中不能缺少的地標，其來有自；這裡曾經是清朝末期和日據時代最繁華、最商業也最藝文、最憂國憂民的地方。

想想，原爲一片田野的大稻埕，因爲艋舺發生了「頂下郊拚」事件，「頂郊」三邑人與「下郊」同安人爲了通商利益發生大規模的械鬥，最終同安人退敗下，這片田野才成了他們的落腳所在，並在短時間內發展成爲台灣最興盛的聚落。

而這個歷史關鍵事件也恰好跟陳悅記有關聯：陳維英在頂下郊拚時寫了一篇〈勸和論〉要平息械鬥，陳悅記也攜手大龍峒的同安人協助逃離艋舺的老鄉，安居大稻埕，大稻埕從靠近大龍峒的北街，一路發展到中街、南街，房屋建築的概念與大龍峒保安宮旁四十四坎的街屋形式相同。大稻埕正是連接艋舺和大龍峒，分別是陳悅記開山祖師陳遜言做生意致富，還有建造宅院參與地方事務的根據地。陳悅記前後在兩地修建了學海書院、樹人書院，開啓翻轉台北的契機。

大稻埕從一片稻田，到了頂下郊拚後成爲商行聚集之地，這一條經商、讀書、建設地方相互發酵的紐帶，讓台北愈來愈不同，祖輩們往來艋舺、大龍峒兩地，看著大龍峒、大稻埕的崛起可能感受良多。陳維英大部分的學生門徒，也是從大龍峒、士林一路順著大稻埕、艋舺分布到景美、新莊。

十九世紀中，台北瞬間向上提升，我倒是要幫祖輩們說說話：應該感謝他們的付出，讓台北士子紛紛「入泮」（考入府、州、縣學就讀之意），聚積實力和資源，被清廷、日本政府重視，具備捭闔縱橫的能量。

◎附注：請見後文所整理的「陳家九代簡表」與「老師府陳悅記家族概況年表」

陳家九代簡表

第一代：陳文瀾
（淡水名中醫）

第二代：陳遜言
（秀才、企業家、文教慈善家）

第三代：陳維藜
（企業家、文教慈善家）

陳維英
（北台文宗、政治家、教育家）

第四代：陳鵬生

第五代：陳曰僑

第六代：陳培根／作者曾祖父
（企業家、慈善家、詩人）

第七代：陳錫銘／作者祖父

第八代：陳澤洋／作者父親
（教育家、書法家、藝術家）

第九代：陳玠甫／作者

老師府陳悅記家族概述年表

清

一七八八	陳遜言渡台，創怡和、恆豐、長興三商號
一八〇二	蔡牽襲淡水，同安人內遷大龍峒，建保安宮、四十四坎
一八〇四	陳遜言於大龍峒建陳悅記宅第
一八二五	陳維藻中舉，為台北首位舉人
一八二九	陳遜言參與捐資新竹建城（淡水廳）
一八三七	陳遜言捐建文甲書院（艋舺學海書院）
一八四五	陳維英任閩縣教諭
一八四六	陳遜言立囑書，設置陳悅記公業、科舉獎學金；七子分產後立業為恭記、寬記、信記、敏記、惠記（惠十記、惠田記、惠心記）
一八四八	陳維英捐三千金重修學海書院，獲淡水同知頒樹德之門匾
一八四九	陳維英任仰山書院山長
一八五一	台灣道徐宗幹薦舉陳維英為詔舉孝廉方正

一八五三	頂下郊拚，陳悅記艋舺料館全毀；淡水同知赴陳悅記宅邸商討善後議和，陳維英發表勸和論，日後八甲庄同安人落腳大稻埕
一八五四	陳維藩合辦團練，協助平定天地會小刀會
一八五九	陳維英中舉，赴殿試未第，捐內閣中書於北京國史館任職
一八六〇	陳維英返台，於陳悅記宅邸設閩南穎川陳氏三祖牌位，為陳德星堂之前身；創設樹人書院
一八六一	陳維英任學海書院山長，為專心改考閱卷於圓山建太古巢別業（之後圓山動物園，並且發現了太古貝塚）
一八六二～六八	陳維英捐資與林占梅（陳維藻妻侄）合辦團練，平定戴潮春事件，事平後淡北諸紳於北郭園集會慶功，陳維英累保至四品賞戴花翎
一八六五	陳維藜捐學田，重修學海書院
一八六九	陳維英任明善堂紳董，建艋舺義學、義倉
一八六八～七三	陳維菁、陳樹藍遞次重修保安宮
一八七三	陳樹藍中舉，赴廣東興寧任教諭

日據時期

一八九七	學海書院改制為國語學校第二附屬學校（今老松國小）、樹人書院改制為國語學校第三附屬學校（今大龍國小），台北最早的小學與陳悅記有關
一八九八	大稻埕仕紳挪用學海書院學田建大稻埕公學校（今太平、永樂國小）
一九〇四	愛國婦人會台北支部設立，陳款（陳維英長孫女、李春生長媳）擔任全台婦人總代
一九一一	陳培根別墅圓山偷逸園並蒂蘭開，吸引全台文士至偷逸園賞蘭；台北陳姓包種茶商以陳悅記茶行為首組潮州茶館經營南洋茶葉貿易；陳德星堂重建
一九一二	陳培樑出任大龍峒區長
一九一四	陳培根改建圓山偷逸園別墅，更名為素園
一九一七	大龍峒保安宮重建，陳培根任管理人、陳培樑任董事

一九一八	大龍峒信用組合設立，陳培根任取締役
一九二〇	陳培樑捐建北警察署（今新文化紀念館）
一九二三	首居永樂歲末廉賣會（今年貨大街），乾元行總經理陳培雲任主事者
一九二五	陳寬記公業捐地二千多坪重建台北孔廟
一九二七	潮州茶館創下茶葉出口貿易歷史高點
	陳悅記公業復興有成，重返千石之家，再度發放陳悅記獎學金
一九二八	陳培雲參與漢醫復興運動至全台巡迴宣講（漢醫合法化）
一九三〇	陳培謹任遞信部台北郵便局（今台北郵局）、台北放送協會（今二二八紀念館）交通主事，任內開辦台語廣播
一九三一	樂花園布袋戲頭手李天祿創辦亦宛然
一九三五	陳培雲接手經營大稻埕永樂座
	陳錫慶當選台灣史上第一次民主選舉台北州市會議員

那些「喬」家飯局

話說日據時代，崇聖會和瀛社的文人大族們，雖然死忠於中國文化和儒家思想，不爽日本人毀文武廟，停止書院功能，但依舊有無力回天之感。沒了書院就無法讓小孩讀自己的書本，沒有孔廟就無法聚會崇拜聖賢；武廟毀了，忠孝節義沒地方訴說。國家換了老闆，也不過幾年光景。之前，這些飽讀詩書的紳董們也有些田產錢財，原本對政府還是有些影響力，還能說說道理，參與地方事務，大清國的官員也得以禮相待，但改朝換代顛覆了一切，全部打掉，連重練的機會都沒有，還得接受完全不同的文化和語言認同，確實今非昔比。

極度無奈之下，肚子還是會餓，好險好吃的台灣菜餚沒有被迫一律改成生魚片和壽司。還是想吃、得吃、要吃，於是大家輪流做爐主，請客吃飯討論應對之策。某天，來到了大稻埕名醫葉鍊金家裡，話題來到了重建孔廟，熱烈討論、熱血沸騰；日本人靠不住，求人不如求己，再不決斷，台北永遠都不會有孔廟！可惜當時沒有請算命仙神算，說出日本人也不過剩下三十年光景就會戰敗。無法未卜先知的陳培根心一橫：「我捐地，孔廟開始蓋吧！」往後一段時間，關心聖廟籌備的會員們，又聚在曾祖父陳培根的別墅素園，吟詩作賦。大夥都是有身分的人，這麼來來往往，宴席上都吃些什麼？

都是檯面上有頭有臉的人物，鯷魚牛排？傳統中國不吃牛的；XO醬干貝？XO當時不知道是什麼碗糕；紅酒羊膝？他們若是聞到紅酒味一定認爲是什麼食物臭酸了；當時流不流行東坡肉、麻辣火鍋、北京烤鴨，無法知曉，大稻埕風光一時的江山樓、蓬萊閣餐廳，打聽一下找找舊菜單，應該可以稍微領略那時的排場和美食指標。但是，在家裡面宴客呢？將近兩百年前，陳遜言、陳維英和官場大咖們交際應酬吃什麼眞的弄不淸楚，連家常菜有沒有滷肉飯、蚵仔煎、四神湯也不得而知；比如當年明善堂的成立，陳維英登高一呼，衆門徒開始樂捐響應，那麼多的局，送往迎來，交通往返無法奔馳寶馬，總得體面地吃幾頓飯，一百多年前的北台灣，不會有五菜一湯的梅花餐，但是也不太會是滿桌的生猛海鮮加野味，喝什麼茶、什麼酒都很耐人尋味。

曾祖父陳培根的年代相去不遠，在重新找家族歷史的此刻，根據祭祀拜菜的脈絡，當時怎麼吃應該能夠好好考究一翻，畢竟關鍵年代的那些關鍵決定，可能都是在家裡公館廳的宴席飯桌上敲定的，搭配美食美酒，「喬」事情的心情會很愉悅，「喬」事情的成功率也應該會大大提升。

從小就知道奶奶口傳心授陳家菜的料理方式給衆媳婦，因爲年年重複著千篇一律固定的祭祀菜式，不容許半點差池。於是從媽媽的口中了解陳家拿手好菜，是一窺當年翻桌滋味的重要線索。一道道菜，滋養著陳家一代代男女老幼的嘴和肚子，身心靈的暢快享受，從春天吃到冬天，樂此不疲。文物可能失竊、歷史有時驗證不詳，再嚴謹的傳承，也有不經意流失的時候，但是嘴巴騙不了人，一個走味就會引起關切的眼神，「從吃找回記憶與文化的美好」，應該是最快、最有效的方式。

吃一輪陳家菜

吃，是跟我們生活最密切的活動之一，在文化傳承和傳遞中，姑且是個引子，從吃什麼、怎麼吃、什麼時候吃，去了解傳統文化、祭祀的獨特性和優雅，也許慢慢對於保護自己的文化，會有更多的接力賽持續下去吧！

吃字這條路

「小陳」故事多，除了先輩們的付出和努力，也因爲人多力量大。人要能愈來愈多，前提當然是要吃得好、吃得飽、吃得符合傳統養生理論；中國人最講究祭祀，拜祖先一定得拜菜，祭祀之後，吃飽又吃好肯定少不了。於是，祭祀成爲凝聚眾人的重要活動，多少的家族溝通、互動，都在祭祀的過程、祭祀後的飯桌展開。小陳終成大陳，然後老陳，轉瞬間就綿延扎根了兩百多年。感謝天、感謝祖，感謝那些美好的食物，滋養著一代代族人。

這個現象不是只有老陳家，中國人在「吃字這條路」可以說眾志成城、其利斷金，永遠都有高潮，不斷向上的追求，只可惜台灣老家族傳承目前並非盡如人意，感覺遇到了突破的瓶頸，所以讓我以陳家爲例子，爲其他家族先行暖身試試水溫。朋友們不妨也回家開始問問爸爸媽媽，去拜訪老人家的時候問問爺爺奶奶，都可能勾起幾十年前口中的甜美滋味，順便探探腦海中吃飯的場景、餐具、特殊意義，興許就文化復興了起來。

我們家來自閩南，是中原文化幾度南遷的目的地之一，除了閩南語可以說是正統的中國話、吃的其實也都很正宗；陳悅記在愼終追遠的同時，也戒愼恐懼地對於家傳的料理美食、不敢或忘，原汁原味的都奉獻在供桌上了！緣起於奶奶的堅持和虔誠，從陳悅記第四代的祖宗祭祀都按照傳統菜餚、儀式走。準備七道菜，擺上八副碗筷，盛飯，斟三回酒，行禮如儀。掐指一算，光緒丙子年（一八七六年）是四世祖鵬升過世、黃夫人是光緒甲辰年（一九〇四年）離開的，分別也有一百四十多年和將近一百二十年，當奶奶準備這兩位祖先的祭品，那可是傳承了一百五十年前他們愛吃的菜餚。

台灣的傳統是「上拜三代」，而且不一定都會拜菜；奶奶嫁入陳家之後，爺爺是第七代，或許沿襲曾祖父在世時的規矩，向上祭祀三代，無論祖先是男是女，生日忌日都拜菜；從陳悅記第四代一直到第八代，進入牌位的都會恭敬祭拜，一直到奶奶過世後，媽媽仍舊接續傳承，沒有太多改變。所以「追遠」的那個「遠」，也許就是孝道和傳承，這得來不易的一切，中國之外很少有其他文化能夠比擬，我們該話說從頭。

從鑽木取火之前，雙手生食一塊肉，到如今餐桌上出現了在試管中的肉分子料理，經歷了燧人氏、伏羲氏、神農氏，這個奇特的歷程可以說是人類文明與文化發展的流水線，影響了吃的文化。從原材料初級料理，逐漸不停地用各種方式加工優化，如同人類從穿著樹葉獸皮到現在五花八門的華麗裝扮、科技面料。漫長枯燥的食物進化推演不像公路電影單純、簡單明快、時而充滿突發的刺激；吃下肚子的食物在最初的瞬間，在人們的眼中留下的只有好吃不好吃的印象，有時候甚至嫌棄不營養或是高熱量，在極度的不滿足中努力尋找新的解決方案；一盤盤美食來得快離開得也快，沒法出現在美術館更不能在博物館。

食譜從來爲了媽媽而準備，在書店上架是不起眼的角落，除非套上減肥或長壽的名號，明星加持，要不小心走過路過瞧上一眼都難。食譜內容清一色幾乎是教導如何料理出這道菜，這道菜相關的傳承脈絡和獨特之處付之闕如，沒有文化、藝術、歷史典故。歷史老師說工業革命的發生是因爲人類想要能偷點懶，因而驅動一次次的變革；但是人類爲了美食，卻永遠絞盡腦汁、想方設法，一點都不含糊。當我們忽略祖先們爲了吃的奮鬥之路，可能難以全面了解在這條路上產生了多少的科學文明、藝術文化、醫療成就、養生理論。鍋碗瓢盆逐漸輕薄短小，能夠挺住烘烤摔打，需要許多智慧和技術支援。

以「蒸籠」爲例，用少量的竹篾、竹片和竹皮、竹釘製作的蒸籠，科技含金量其實相當高。如何用材料學、物理學做出蒸籠是一件事，而設計發展出蒸籠的科學概念則是另外的里程碑：竹子愈蒸愈緊實不易壞，鏤空的底部層層堆疊，能夠利用水蒸氣、熱氣向上的原理炊煮大量的食物，是個經典的工業設計。巧妙之處還有蒸籠的蓋子：蒸籠的蓋子用去皮竹篾緊密編織而成，在蒸煮食物的時候，水蒸氣因竹纖維毛細現象，有些慢慢擴散出蒸籠，有些順著蓋子流到外圈的竹片上蒸發掉了，所以不像其他蒸食物的器皿，會產生不少的水滴滴到食物上，造成食物的完整性被破壞，而且掀開蓋子的時候，水滴得到處都是也很煩人。在投身於吃的升級上，經歷過無數人，算不清時間的嘗試，發掘了竹子的特性；再一回回的從結構上、其他炊具的搭配上下手，創造出簡單便宜輕巧、效益巨大的蒸食工具。其中，圓形也是個精彩的發展，也不知道是如何的因緣際會，炊具都成了圓形，食物也都成了圓形。

享譽國際的鼎泰豐可以說是台灣美食代言人當之無愧，當眾人目光聚焦在小籠包如何好吃、兩眼發直口水猛流的時候，小籠湯包這個點心怎麼在歷史上橫空出世，如何形成中國人的美食代表，居然沒有在腦海中閃過？蒸「籠」如此的有效率，環保節能又貼心，也幾乎很少被談論和讚揚、從來不是美食話題的主角，也不是配角。大家去用餐的標準程序是先拍照、打卡、然後吃得開懷後，抹抹嘴巴離去，於是背後的文化傳承顯得寂寞空虛冷。所以，如果能企圖從飲食的發展看這個民族的文化力，是我認爲很有意思的課題。

中國和英國的不同，只不過沒有想到蒸氣可以利用到工業上，憑藉蒸汽機引發工業革命，但是老早就知道如何處理蒸氣烹飪疑難雜症，風花雪月逞口腹之欲，結果兩百年來竟被狠甩好幾條街；但是圍繞著吃的文明科技，中國人一點不含糊：烹飪的工具、吃飯的器皿屬於材料和工藝技術；柴米油鹽、種植和繁殖，是動植物培育和萃取科學的進步；色香味擺飾具有藝術性，吃得健康是醫學，而陪伴著世代綿延與節日映襯，吃得得宜體面，運用周邊資源，就是文化總體力量的實踐。說穿了吃得愈複雜，背後顯示的是這個社會愈是高度發展與分工。那麼，百年來，每年重複出現在我家餐桌的各式菜餚，背後的故事是什麼，至少是我現在可以嘗試整理的。

從家人到家族的書寫

陳曈，我的女兒，從小走遍大江南北的古村落，學習古琴、圍棋和國畫，國小的班主任曾經用「氣質出衆」來描述她，這也許是因爲現在的小朋友距離自己的文化愈來愈遠，才造就了她能夠氣宇不同吧！陳曈有滿多套小漢服和旗袍，就讀國中時學校學辦萬聖節活動，她特意在網路上找了符咒的照片列印出來，裝扮成殭屍參與這個原本只屬於歐洲人的節日，強化了自我文化認同，也是在宣傳中華文化。她小學五年級就跟著我去山西太原看麵花吃麵食，去廣東順德探尋粵菜源起，去廈門找閩南魯麵、沙茶麵。我雖然努力用傳統文化包圍她，但是跟我小時候一樣，她只是對自家歷史稍微了解而已，傳承菜餚背後的典故卻一無所知。

我的妻子是藝術家和設計工作者，和時下大部分年輕人一樣，不停探索國外圓潤的月亮，外來的文化好像比較迷人或是有市場，嫁入陳家跟著我媽媽開始學習樣板陳家菜烹飪，從來也不知道這些菜色故事短則一百多年，長則上千年，也因此沒有過好奇探求的念頭。想起我父親如何告訴我家族文化傳承的重要，三十年過去了，我從小吃著這些菜餚、拿香跟著拜拜，但是自詡復興傳承的我，也是爲了整理食譜做成紀錄，才逐漸知道一盤盤陳家菜深遠的來歷。環顧左右，我的太太、小孩身處資訊爆炸的年代，輕易就會被充斥日常的外來文化塞滿大腦和肚子，想起父親耳提面命、倍感危機重重。於是，吹起口哨壯了壯膽子，決定大膽搜索菜餚的前世今生，權當做是拋磚引玉吧。

記下這些家傳菜，最主要還是要紀念我的奶奶和我的父親，他們對於傳統的信仰和傳承的責任感。奶奶和父親也是很時髦、很愛流行、很時尚的。成長於日據時代的奶奶，一直走在時代前端，我小時候，就常常跟隨奶奶到基隆看舶來品，奶奶喜歡法國品牌的包、香水、義大利的鞋子。此外，她還懂喝咖啡，還記得我大學時，幾次去找奶奶，她會泡咖啡煮牛奶給我喝。父親對於西方文化也多有浸染，喜歡拉二胡的父親，以鋼琴自彈自唱教我唱兒歌，也會帶著奶奶去聽平劇，自己則有聽不完的交響樂、爵士樂光碟。父親愛書法、會水墨，然而他的收藏很多是當代的油畫、版畫。若談到餐飲，他更是博愛東與西。

台灣有許多老家族，渡台歷史有些能上溯三百多年，子孫繁衍開枝散葉；維護的好留有老宅、祠堂、族譜、文物，但是稍不注意，老宅就成了高樓，祠堂難以維繫，文物散落或是被盜竊，最常留下繼續被抄寫的可能就剩下族譜了。我曾經到山東曲阜的孔廟，吃過孔家宴，喝了孔家酒，也在北京品嚐厲家菜，擺盤精緻、故事都說得挺好的，無論眞假與否無法考證，至少有模有樣的流傳下來。台灣老家族還能擺出家宴傳統菜餚、說故事的，恐怕寥寥無幾！

吃是最迷人的生命環節，如果傳統家族都只能遙想當年某先祖如何，正經八百但是嚴重斷層，產生聯繫的內容缺乏體驗感、儀式感，這是個讓我產生疑惑的現象，於是才會選擇在整理老家菜品的同時，記錄文化傳承的軌跡，描述的其實就是感覺上最平凡、一個台北老家族節日宴客吃的菜，說說典故、介紹料理的步驟和方法。

這也是首次正式公開老師府陳悅記幾代以來幾乎沒有變化的菜餚。很多人不知道，柴米油鹽庖廚之事，其實具體而微地體現了中國人獨特的文化習性，這也是在吃喝了數十年後的我才猛然發覺的平凡中的不平凡，小小的細節有著大大的文章。例如得體而又能留下的傳家菜餚，常常是因爲符合祭祀的需求，供奉祖先喜好的菜品；而祭祀表達的正是敬天愛物，還有對於祖先的追思緬懷，這已經不再是侷限於三牲素果的儀式。

先祖渡過黑水溝來到台灣，如何將老家的物產帶到台灣，也要結合對台灣原生動植物的熟悉，看是否能將家鄉的味道延續下去。再來，家族綿延、財富和人口增長，對於新食材的探索，烹飪經驗的積累逐漸多元，家族長者的口味投其所好，日後祭祀上，針對不同的祖先有不一樣的菜餚。於是，閩南老家風的家鄉味，西風東漸後的潮流時尚，都成爲台灣精湛的花樣美食。

大家族裡的祭祀，能上得了供桌的菜餚選擇，除了有其必要性之外，還得講求規矩和精準，葷素品項比例要得宜，色彩搭配和口味都馬虎不得，因爲這代表對於神明與先祖的崇敬。主菜之外，甜品、點心，甚至國外的新鮮食品，時間恰好趕上也會先上桌讓神明或祖先率先品嚐。不過這些都不是絞盡腦汁或朝夕而來，而是經過代代積累而一脈傳承。

舉一個有意思的傳承例子，就是台灣和福建依然保持的習俗「尾牙」。尾牙又稱做尾禡，最早記載於《宋史》，是關於軍隊每個月初一、十五的祭祀儀式，祭祀的對象是有象徵意義的牙旗；祭祀活動的隔一天，也就是每個月的初二、十六，就有祭旗後的供品吃，是爲「打牙祭」；一年之中第一個牙是二月初二，最後的牙是十二月十六，也就是尾牙名稱的由來。到了明朝，這樣的習俗遍及各個基層單位，也從戰場擴及到了商場，商家們紛紛在初二、十六做牙祭，祭祀祈求生意興隆。頭牙正好是土地公的生日，因此牙祭也和拜土地公結合在一起。臘月十六，成爲商戶行號年終最後一次全體員工吃喝打牙祭，尾牙概念成形。

從宋朝到如今，中原到閩南、台灣，「吃尾牙」成了還保有傳統習俗的台灣歲末盛行的活動。相對於台灣隆重的尾牙活動和吃潤餅、刈包習俗，大陸除了福建外基本上已經吃不到潤餅、刈包，更別說吃尾牙了。類似例子眞是不勝枚舉，中原文化隨著人口流動幾經南遷，唐宋後以泉州、廣州兩大國際級港市爲中心，在福建和廣東生根留存，再到了台灣和東南亞，這個歷程感覺比故宮文物的一路顛簸、不遑多讓。台北的老師府陳悅記，正是來自於泉州同安。

老陳家春夏秋冬的餐桌

從除夕到尾牙，整整一年，家裡的菜餚安排確實和諸多節慶、祭祀高度相關，也緊密地與中國傳統文化若合符節，尾牙只是典型之一。掉了一串書袋，不是要表達我也具備google的功力，只是想論證飲食與自我文化的重要關聯：吃不只是吃表象，還有了解內涵的趣味；傳統菜餚不只是「得時」地配合著大自然，也和節氣養生的醫學脈絡相互印證，我甚至有蘇州的年輕朋友，開始跟著《黃帝內經》準備飲食，雖然有點累，但是感覺滿酷的。

大框架下民族餐飲的傳承落實到了老家族的體系，便成爲列祖列宗選擇性喜好的總和，也跟家族規模還有經濟狀況成正相關。如今還想要堅守傳統，是因爲從裡面看得出很多風俗的線索、蘊藏不少故事；對我來說，老陳家的菜餚幾十年吃下來了，也許口味都一樣，但吃的已經不再只是味道，吃的其實是情懷，以及對家族的向心和聯繫。我現在把老陳家上百年的家傳祕笈寫出來，也娓娓整理著這成形不易的文化財產，我想大部分都是許多人共同的記憶吧！

我從小的記憶，三代同堂是包含奶奶、叔叔、嬸嬸和姑姑的；客廳的電視超大，餐廳的桌子是雙層的，拉開來可以坐得了十個人，但是怎麼算人頭都不只十人，原來小孩要等大人吃完了才輪得到上桌的機會，或是飯菜夾一夾，自己找地方坐著吃，規矩很嚴的。然而，再嚴格的規矩永遠無法關住小孩鬼靈精般嘴饞愛吃的行爲，印象最深的還是大大的廚房裡大大的雙開門冰箱，那是民國六十年代末，各種新奇的事物輪番進駐廚房裡如同多寶格的大冰箱。

西洋系的芝士、魚子醬、醉爾斯冰淇淋，東洋風的鮭魚卵、牛肉醬、海苔醬。我常常小心謹慎躡手躡腳地打開冰箱，睜圓了眼睛搜尋今天的小確幸。例如每天早餐時段，姑姑會撥開取出一片芝士，鋪在吐司上當早餐，不忘叮嚀小孩一天只能吃半片。對我來說，幸福總在大人出門上班後開始，家裡沒大人才是我正式的用膳時間。芝士當然不能只吃半片，盤算好今天吃兩片應該不太會被發現，就得意洋洋地享受撕開透明薄膜的歡愉心情。看棒球比賽轉播的時候，冰箱裡黃色馬口鐵罐的乳瑪琳，一勺一勺地送入口中，湯匙還不能下得太深，要平平地從表面刨起，才不會太失禮太容易被發現，送入口中是香濃滑順帶點鹹鹹的犯規味道。黑色的牛肉醬用來搭配稀飯，令人難以忘懷的甘苦味，唯一解決相思的良方，就是用手指摳出一坨、含在嘴中齒頰留香。陳家全家大小都愛吃，特別愛嚐鮮，奶油、烏魚子、九孔螃蟹、貝殼類海產，當年不懂什麼叫做膽固醇過高，考試前奶奶一定會準備豬腦給我補腦，讓我勇往直前。直到現在才知道，那「愛的代價」可能會成爲我的終身負擔。

早期遇到慶典和重要的大日子，家裡都會請歐巴桑在廚房忙上忙下，人口多、飯量大，更有不少花樣。爸爸、叔叔成家後，廚房的幫手轉給了媳婦們，在婆婆領軍下，組織起媳婦們展現烹飪慧根的時刻。死記硬背有之，一點就通有之，新一輪的傳承接續展開。大家可能都有一本筆記本，都要面臨上桌後吃客們的檢驗。煮菜一年到頭、年復一年，不必等媳婦熬成婆，一群吃貨高頻督導下，哪些菜跟之前的味道不一樣，應該如何料理才對，關愛的眼神讓媳婦們很快就上手了！

整年當中最忙碌莫非就是過年前了，送神、除夕、初一、迎神、拜天公、上元節之外，還有爺爺生日祭，元月可以說最爲忙碌。而過年期間菜市場也休市，光是上菜市場張羅各式的食材糕點，就要分三次左右，冰箱再大感覺都不夠放。女人在菜市場與廚房來回奔波，男人也不能閒著，隨著印有神駒的紙錢燒成了灰燼，象徵佛堂的衆神明騎著馬回到了上天，家裡的男丁開始要清潔神龕、香爐、佛堂。終於，按照過年前開始要準備的菜餚一直到年底的尾牙，依序要慢慢上桌了！

過年的菜

過節、祭祀看門道或是看熱鬧，從過年時候的準備工作就能完全體現，禮儀、規矩、傳統，每一代當家的如果都能堅持，就能幾近完整的流傳下來，像是一場沒有終點的接力賽。

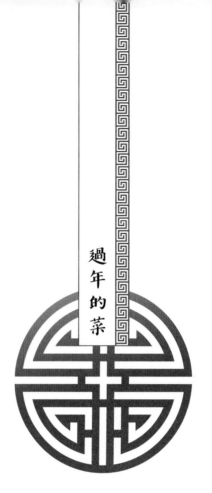

在料理中傳承文化

每年過年，祭祀的菜肯定比日常豐盛。祭祀後，端上了桌的就是年菜，滿滿一桌菜餚，將以「佛跳牆」、「金包銀」、「菜頭排骨」、「芋頭排骨」、「一帆風順」、「雙喜連」等菜品較具代表性。其他過年必備的菜餚沒有烹飪上的獨特之處，只要出場露露臉就好，如指定在某市場某一攤的金銀肝、墨西哥車輪牌鮑魚切片沙拉、五味九孔、大明蝦、八寶飯、長年菜，以及年年有魚的石斑魚、烏魚子。其中，烏魚子的吃法也頗有意思：乾煎切片後搭配切片的蘿蔔、蘋果或蒜；然而父親偏愛的是斟上一杯紹興酒，將烏魚子放入酒杯用黃酒潤濕後再吃，別有風味。

父親把傳承看得很重，很當一回事，也希望透過中國節日氛圍的營造讓一家大小沉浸其中。除夕前幾天就開始買花、插花、寫春聯，除夕圍爐當天，午飯過後就播放敲鑼打鼓的北管樂曲，爲一家團圓暖場；他也親自準備圍爐火爐的炭火，待年菜上桌，父親將火爐放在餐桌下，用炭火煮著桂圓紅棗茶，這才是團圓圍爐。最動人心弦的是，父親放在炭火爐旁的那一疊壓歲紅包，紅紅火火的紅包上都有父親對每個小孩用書法寫上的不同期許，每一封我都留著，是滿滿的回憶。

我認爲若要讓文化延續，我也當力求自己努力做到像父親這樣，不是僅止於讓兒孫在節日時聚到跟前唱歌跳舞說吉祥話，我認爲世代間爲彼此付出實踐的作爲，是傳承的精髓。以下就來介紹陳家過年的菜。

澎湃食材擔當——佛跳牆

擺上頭陣的，比壓軸的還重要；什麼菜上了桌會讓眾家子弟願意老實不囉嗦地繼續敬天法祖、乖乖就範，就像是什麼菜最先在書裡介紹、讓人願意繼續翻看下去一樣，得慎重。仔細評估後率先介紹的，是年菜系列一上桌就會讓陳家上下行注目禮的佛跳牆！這是一道優雅絕倫的大菜，沒有大碗口，不是用大白盤裝盛，沒法用圍盤裝飾提升視覺效果，硬碰硬的底氣就是小小的圓口能讓人看到什麼。話說傳統上最能帶風向的，當屬魚翅這款食材。周星馳搞笑電影的經典台詞：「來碗魚翅漱漱口」，是中國人集體被洗腦帶風向的最佳詮釋。魚翅明明沒什麼滋味，長相也不美麗，卻永遠是高貴菜餚的模範生。

奶奶準備佛跳牆絕不手軟，一方面展現無比誠意來祭祖，也要端著家族的高度不可輕易跌份。散翅已經無法代表奶奶的心意，緊接再用排翅，不過都是巧妙地鋪在小小的甕口做爲妝點，然後是穿插著花膠、干貝，表面工夫得下的深。佛跳牆精彩登場，表面相當絕美、內容引人遐想，諸多食材堆砌的名菜，能夠達到吃得優雅的境界。

一百多年前在福州創造出來的大菜佛跳牆，據說是商賈用來宴請福建布政使周蓮的宴客菜。陳家年菜上桌後，排翅、花膠、干貝是焦點，筷子撥一撥，個中翹楚們紛紛浮出水面，輕鬆入口。佛跳牆的威名，也是在一次宴請文人墨客的宴席上，有人即興點評了這道菜，「罈啓葷香飄四鄰，佛聞棄禪跳牆來」。此外，盛裝佛跳牆的制式器皿清一色是小的白瓷酒罈，獨特的形狀樣式，既能保溫又讓人看不透大肚子裡裝著什麼，引人遐想，可說是傳統菜餚中的一絕！

食材準備

- 炸好的排骨十塊
- 炸好的芋頭八塊
- 魚皮三兩
- 花膠四兩
- 蹄筋八個
- 乾筍絲二兩
- 大白菜五兩
- 香菇八朵
- 干貝三兩
- 鵪鶉鳥蛋十個
- 炸好的蒜頭十粒
- 栗子十粒
- 高湯適量

烹調程序

一、香菇、干貝、花椒泡軟。

二、魚皮、蹄筋、小鳥蛋、筍絲、大白菜皆汆燙備用。

三、將食材依序一層層放入甕裡，調好味，放入高湯。

四、筍絲、大白菜放最底層。

五、大火蒸一小時，中火再蒸一小時直到入味爲止。

六、最後，上層放魚翅。

陳家祕方

相較於坊間許多佛跳牆加入魷魚，老陳家的佛跳牆是沒有的，想像一下不小心夾了兩條魷魚段，放入口中可能嚼不爛……

老陳家的佛跳牆是用筍絲、香菇、大蒜提味，富含飽滿膠質，輕鬆下肚，老少皆宜。

貴氣十足拿手菜——金包銀

有別於佛跳牆猶抱琵琶半遮面，看不透葫蘆裡面到底有什麼驚喜，金包銀卻是大方得一上桌就被看透透：裝入大的碗口，晶瑩剔透得就是要讓賓客看清楚這道菜是包金又包銀：有干貝絲、金鉤蝦、芹菜段。金包銀的名號怎麼來的已經不可考，現在聽起來感覺俗又有力，但是早期這應該是相當貴氣的菜名，不管是客人入座時報菜名，或是寫在筵席帖上，都會讓人先嗾一口口水。

曾經招待過幾位陳悅記的遠房宗親用餐，最後端上了金包銀，幾位長輩對這道菜依舊有些許的記憶，表示曾經也是過年桌上的必備菜品，只可惜他們的媽媽或是夫人，沒有延續製作而中斷。

做爲年菜，金包銀這樣吉利的稱呼算是挺應景的，氣場足夠、內容也不含糊。不過兒童時期的我對這道菜敬謝不敏，菜上桌了，看一眼「哦」的一聲，繼續轉頭獵取其他美食，因爲金包銀黏呼呼的口感眞不是我的菜。而今懷揣著家族記憶的情懷，偶爾吃上一回，倍感齒頰留香，眞足以印證老家族傳承的菜比較符合上了年紀後的胃口……專爲大人而設計。

食材準備

- 金鉤蝦八十克
- 干貝六十克
- 芹菜四兩
- 地瓜粉二百八十克

烹調程序

一、金鉤蝦和干貝分別泡軟，金鉤蝦剁碎、干貝搓揉成絲，泡過的水留著備用，不要丟掉。

二、放入三大匙油熱鍋，倒入乾的金鉤蝦和干貝爆炒，再加入泡過金鉤蝦和干貝的水，加鹽二茶匙、味精二茶匙，然後把調勻的地瓜粉水慢慢加入、不停翻炒，直到地瓜粉熟透了，再加入切碎的芹菜末成形即可。

三、鹹淡調味可自行斟酌。

陳家祕方

顧名思義，這是一道必須看起來富麗堂皇的年菜，因此色彩很重要。最後加入芹菜末是爲了讓翠綠的色澤維持，起鍋後立卽上桌，因爲熱騰騰的時候，地瓜粉還有點晶瑩剔透，金黃色、白色、翠綠，感覺還眞的有些珠光寶氣！

冬吃蘿蔔夏吃薑——菜頭排骨

如果菜頭（蘿蔔）會說話，台灣的菜頭們一定會大聲疾呼要大家重視菜頭本身的特質，不要物化它們把它們當花瓶！送菜頭代表好彩頭，所以菜頭變成選舉和開店入厝的必備象徵，蘿蔔原本的豐富營養和用途就弱化了！從食物獲取能量是動物生存的基本本能，但是針對不同食物來源分析食材的屬性，再從食物成分和生長環境推斷對人體的療效，以及是否具有保健功能，進行大量的試驗與經驗積累，菜頭也沒有缺席。中國人不但將食材觀察分類，還配合天地運行找出其中的規律：日夜、寒暑、乾濕、陰陽，五臟六腑系統論證，也就是中國哲學「天人合一」的實踐。傳統養生是複雜而龐大的體系，不只針對食物的特性做分類，老祖宗更進一步告訴我們在什麼季節該吃什麼，也抽絲剝繭交互比對，告訴我們什麼食物不能一起吃，不然效果不但會打折扣，甚至產生有害人體的情況。這實在是厲害的科學。冬吃蘿蔔夏吃薑，就是其中的一個範例。

蘿蔔是秋冬季節常見的蔬菜，蘿蔔的種子叫做萊箙子，是常見的中藥。白蘿蔔維生素含量多，更有木質素能刺激肌體免疫力，增強對抗癌細胞的能力，白蘿蔔的酶、蘿蔔皮的異硫氰酸酯，恰好搭配成爲抗癌良方；涼性的白蘿蔔清熱解毒，連葉子都含有防老化的諸多元素。《名醫別錄》中記載：「其性涼味辛甘，入肺、胃二經，可消積滯、化痰熱、下氣貫中，解毒，用於食積脹滿。」寒冷的天氣，門窗緊閉、天乾物燥，人體皮膚血管收縮造成燥熱之氣增加，爲了抗寒，有時候會大量攝取熱性食物，進而提高了消化不良和內熱的機率，這個時候食用蘿蔔的功效就能彰顯出來了！但是蘿蔔化氣，不能跟人參或是補品同時食用，也不適合跟紅蘿蔔、酸性水果搭配，這個時候，家傳菜頭排骨的閃光點就浮現啦，它成爲了冬季萬無一失的養生年菜！

食材準備

- 帶肉排骨一斤
- 蘿蔔一顆
- 蔥四根

烹調程序

一、用醬油、一又二分之一茶匙的五香粉、一百克地瓜粉將排骨醃半小時後，大火炸至金黃。

二、蔥切段炸至金黃，蘿蔔滾刀切中小塊。

三、將蘿蔔、排骨、炸好的蔥段一起放入碗中。

四、醬油加水、適量五香粉調好味後，倒入碗中，約略蓋過食材的三分之一。

五、慢火蒸煮至蘿蔔軟爛即可。

陳家祕方

蔥段和蘿蔔的攜手合作是絕配，讓入味後的蘿蔔充滿香氣。蔥在紅燒和滷味菜餚裡絕對是特別來賓。傳統的排骨吃法在這道菜發揮得淋漓盡致：醃製入味、酥炸鬆脆、蒸煮軟爛。醃製後大火炸過，肉的油脂依舊但是結構已經鬆散，原本上火的吃法經慢火蒸煮後，排骨軟嫩不柴，而且回歸平性不易上火，是陳家極富特色的排骨料理心法。

美味齒頰留香——芋頭排骨

台灣是芋頭應用的大本營，芋頭可以做的食物種類推陳出新：芋泥、芋頭酥、芋圓、芋頭奶茶，還有芋頭排骨。老台菜的排骨就如同之前所說的，正統的程序有點類似排骨酥的料理方式，先醃製、大火酥炸，然後慢火蒸煮。

排骨大火酥炸後，芋頭也得大火炸過，爲鬆軟的口感和綿密的湯頭做準備。有別於蔥和蘿蔔的結合，這裡的提香聖品是蒜頭。爆香後的蒜頭和排骨、芋頭一道加入鍋裡慢燉，最後呈現汁濃、味香的芋頭排骨。

食材準備

- 帶肉排骨一斤
- 芋頭一顆
- 蒜頭十顆，剝皮

烹調程序

一、用醬油、一又二分之一茶匙的五香粉，一百克地瓜粉，將排骨醃半小時後，大火炸至金黃色。芋頭切塊，和蒜頭炸至金黃色。

二、將炸好的排骨、芋頭、蒜頭一起放在碗中。加入五香粉、醬油調味，倒入水，約略蓋過食材的三分之一。

三、慢火蒸煮到芋頭鬆軟即可。

客家菜串門子——一帆風順

蒸、焗、煲、釀是客家菜的絕活，源遠流長的美食到了廣東這兒的大本營一脈相承，沒有間斷。但是客家菜和兩廣地區許多不同族群的烹飪方式有異曲同工之妙。順德號稱粵菜發源地，有許多讓饕客不遠千里尋味而來的名菜，比方釀鯪魚就是一道精妙的佳餚。做法是將魚肉、荸薺、陳皮、冬菇剁碎，再塑形放回魚皮內，看起來依舊像是一條魚；而客家的釀豆腐、釀苦瓜、釀茄子、釀虎皮椒等，也是將豬絞肉、魚肉、蔥、薑剁碎放入挖空的食材中，內餡做法一樣，只是更換不同載體。

而閩南菜卻找不到類似的手法，所以陳家傳統菜「一帆風順釀海參」

是怎麼發展出來的，十分耐人尋味。海參是中國四大海味「鮑、參、翅、肚」之一，在中醫來說也是相當好的食療聖品，早期是價格不菲的食材，泡發與烹煮需要相當的技巧。就像面對金包銀，我對海參軟趴趴的口感也是很抗拒的，然而父親相當喜愛海參，但是他對於海參的口感十分挑剔，一帆風順的海參一定要發得軟，然後料理的時間夠，才能達到要求。有時候父親會跟媽媽說海參不夠軟、發得不夠，滿臉的不滿足。如何料理一帆風順如此佳餚，奶奶媽媽都很拿手，可是「發海參」就不是十拿九穩了。

我開始學習老陳家料理，也面對了海參泡發的問題，透過網路求救，也到大稻埕的店家請教，泡發海參著實不容易，時程長達一週左右：要換水要煮沸、要破肚清腸，好像每天早晚都要跟海參請安似的，還得爲它洗澡，心中不停地想：什麼時候能夠把你們發得美美的，我就不客氣地把你煮來吃！

雖然四大海味在年節祭祀和宴客的時候都是得搬上桌，彰顯這頓飯的價值和品味，但是「一帆風順」融合泡發海參和釀菜的做法，單就製作工序來說是最耗費時間的。在各式釀菜中，海參釀是最爲珍貴的。「一帆風順」在諸多的料理方式中，最能吃到海參原味的做法，當然也最爲繁複。我忽然察覺到我是人在福中不知福，從來就不知道這道菜的獨特之處，也就是在這幾年大江南北的跑，在海參盛產的大連、青島吃過幾款海參菜餚，也到了順德品嚐道地釀菜，才有自信介紹這道陳家菜獨特的風味。

食材準備

- 大海參一條
- 荸薺三顆
- 蔥一支
- 絞肉三兩（加半匙太白粉拌勻）
- 青江菜半斤
- 炸好的紅蔥酥

烹調程序

一、將泡發後的海參內臟洗淨，先用滾水煮約二十分鐘。

二、把蔥、荸薺剁碎，加入絞肉拌勻調味。

三、海參內部撒些太白粉，再把上述食材填入，中大火蒸熟。

四、勾芡的水要加至海參二分之一左右。

五、將青江菜燙熟圍盤，中間放上步驟三完成的海參，淋上蒸完海參的湯汁（稍微調味、勾芡），再撒上紅蔥酥即可。

陳家祕方

陳家菜常常會用荸薺在類似料理類別中。荸薺有江南人參的雅號，是一款健康食品，而特性是清脆、多汁、甘甜。在類似菜品做爲搭配的輔料，口感上增添了層次感，味道也多了變化。不過一定要剁碎，否則會喧賓奪主。

刀工大全——雙喜連

著手準備描述老台北傳承菜，必須對老台北家傳菜有自我的解讀和定義。要能夠說是陳悅記的特色菜，應當是一般家庭和館子見不到吃不到，味道截然不同或是不容易打聽到的風味。回顧年節祭祀的時候，奶奶、媽媽準備的菜品，確實有幾道是外面沒吃到過的、很多名稱相同，做法口味天南地北，那麼我就一一羅列下來，大膽的定義這些就是家傳菜色。老師府陳悅記立足台北超過兩百年，算得上是老台北了，因爲祭祀而沒有中斷過的家傳菜色，傳承下來的獨特菜餚應該也可以稱爲老台北菜；中國人最講究孝道和輩分，歸納出老家族菜餚的特點，是經歷逐漸調整，直到讓家裡的尊長喜愛、能入得了口、方便咀嚼，還要順帶稱讚幾句，才算大功告成。投其所好、營養成分高、軟爛入味是我個人分析出來的標準。

「雙喜連」這道菜是相當具有代表性而獨樹一格的，完全符合所有入選條件。首先，文蛤是福建和台灣沿海的特產，性屬溫平，大部分的人都適合食用，就特產區來說已經贏個大半賽局。文蛤肉的鈣含量不少，也有豐富的維生素B12、牛磺酸；牛磺酸能夠幫助膽汁合成、代謝膽固醇。中醫認爲，文蛤肉能緩解夜間盜汗、利水、消除煩躁、解渴的功效。可惜的是，愈是肥大飽滿的文蛤，肉愈是難以咬爛，想讓牙口不好的長輩吃下營養美味的文蛤，必須有技巧又能展現廚藝。

試想，煮上一盤肥美的蛤蜊，不管是簡單用米酒薑絲調味，或是搭配九層塔爆炒，老祖宗放入嘴裡要咀嚼個老半天，食而不能嚥，那就不及格了。可能是某個聰慧女祖宗，也可能是某個年代家裡盡職的廚子，想出了和「一帆風順」相同的手法，或嚴格來說更接近順德釀鯪魚的精髓，將肉與其他輔料剁碎放回殼內。不過，文蛤的殼遠比鯪魚皮、海參小得多，這道菜的食材：文蛤肉、荸薺、絞肉、需要分別剁細，而且要非常細，再攪拌後才能放得回文蛤殼，重塑的形狀也才好看。「雙喜連」和「一帆風順」這兩道菜到底哪道菜先問世，或是同時出現，真的無從知曉。許多名菜至少都有個傳聞，可惜這兩款精緻好菜運勢不佳，沒有闖出名號來，只好從我開始好好將它們多多推廣！

雙喜連算是我從小至今就情有獨鍾的菜，大小入口剛好、軟硬得宜、味道鮮美；有句話說：吃不到肉也有肉湯能夠喝，小時候的我在大人們滿足口腹之欲前，輩分雖然低，但是都能拔得頭籌品嚐鮮美的湯！媽媽在製作雙喜連的時候，會收集剝文蛤留下的湯汁，煮成湯給我喝，算是讓我嚐鮮（先）補身體。

食材準備

- 蛤蜊一斤
- 蔥一又二分之一根
- 荸薺二顆
- 絞肉二兩

烹調程序

一、將蛤蜊洗淨剝開、取出肉，過程中的蛤蜊汁水要留下。

二、蔥、肉、荸薺、蛤蜊肉，一一剁碎，絞肉加半匙太白粉，用少許水抓揉。

三、把所有材料拌在一起，加鹽、味精和少許酒調味，再把步驟一的蛤蜊汁水取一半加入攪拌。

四、把拌好的材料，再放入空的蛤蜊殼中，隔水中大火蒸五分鐘即可。

陳家祕方

文蛤鮮嫩多汁水，鮮味都在汁水中，所以料理過程中千萬不要只留下肉而流失汁水，切記在剝殼取出文蛤肉時，要準備大碗把汁水接住，在接下來的料理過程繼續使用。

新年供桌上的小糕點

過節、祭祀看門道或是看熱鬧，從過年時候的準備工作就能完全體現，禮儀、規矩、傳統，每一代當家的如果都能堅持，就能幾近完整的流傳下來，像是一場沒有終點的接力賽。神龕、香爐、神明桌平日裡是碰不得的，但是佛堂整體清潔年前一定得做得徹底，每年也只能夠在送神回到天庭過年後，再由家裡面的男丁負責清理佛桌上所有物品，一年一回。

農曆十二月二十四日一般是送神的日子，送神之後我和弟弟就會接獲「上級」指令，提醒這兩天要清屯了！我們準備好新的抹布，擦拭一系列平日裡沒法清理的神像、牌位、神龕、香爐、燭台、光明燈等，拿篩網過濾香灰、換香灰。幫神明和祖宗的環境大掃除後，接著就是一連串與他們同樂的時光了！

都會區大部分人家裡沒有佛堂，也許就不容易體會傳統禮俗的講究和細緻，例如祭祀的年菜在供桌上葷、素菜、甜品、水果怎麼擺放，還有祭祖的碗筷和酒杯的相對位置、三次斟酒與盛飯的時間點，沒有任意或是隨便的空間，有時候突然有些失憶，媽媽、弟弟、媳婦們互相對一些細節都不確定，只能問問其他親戚或是對照以前拍過的照片。除了精心準備菜餚之外，神明和祖宗們跟人間的凡人相同，也要一起吃糕餅糖果、歡度新年，除夕、初一要祭祀拜菜之外，燒香也要供上年糖糕點。除夕深夜子時一到，隨著街坊鄰居開始燃放鞭炮，我們也開始到佛堂「搶頭香」，展開新的一年例行性、每日早晚燒香的工作；子時代表大年初一正式到來，新年的第一次燒香就提早到了子時，先將佛堂供奉神明和祖先的六只杯子換上熱水，再把各式新年糖果放在六個小碟子裡、擺在熱水前，綠豆糕則是拿出兩條，佛龕和祖先牌位前各放一條。

步步高升疊疊樂——綠豆糕

過年祭祀的糕點也是一脈相傳，沒有太大變化，但是品種愈來愈少、愈來愈難找，可能歸因於市場需求急速萎縮，可不是老陳家不買，是店家不敷成本，不做不賣了。過年家裡常常購買的茶料有寸棗、生仁、冬瓜糖、糕仔、鹹茶、綠豆糕、吉紅，其中鹹茶是父親和我最愛吃的過年點心，但是這幾年已經在老字號餅鋪銷聲匿跡了，店家明確表示沒人買，年輕師傅也做不來了。圓滾滾的鹹茶是褐色的，根據母親的推測，鹹茶應該是麵粉和些許蒜末、豬油炸出來的，鹹鹹甜甜還很香。的確，它的消失令人唏噓。不過，至少傳統的綠豆糕還繼續撐著，一種象徵性的儀式延續到現在！

家裡的規定是過年期間頭五天早晚燒香，同時要將上一次燒香放置的糖果更換成新的；不過，唯獨放在神龕和祖先牌位前的綠豆糕不能更換，而是每次燒香就加上一條疊上去，象徵步步高升的意思。傳統綠豆糕是五片一包，長方形薄薄的一片片，入口即化，外邊是白色的包裝紙印上紅

印；奶奶會囑咐我，幫神明和祖先們一個小忙，將包裝紙撕開一個小缺口，方便讓他們享用。

初一到初五，早晚共十次要更換茶料、疊綠豆糕，細小的一條綠豆糕加起來要疊上十個，不是件容易的事情，佛堂神明桌是莊嚴場所，敬奉糖果是崇敬的禮儀，萬一綠豆糕掉下來可是不得了的事，必須格外小心，馬虎不得。曾經發生過一個很糗的狀況：我在神龕前疊第五條綠豆糕的時候，一共花三次才順利放穩妥，心裡不斷嘀咕、不停地說對不起！對不起！走到祖先牌位前，又發生一樣的情形，好不容易緩緩放開手、鬆了一口氣，轉身離開沒兩步，一整落的綠豆糕全倒下來了，急得我忙不迭地又說對不起！對不起！

糕點界的Local King——麵龜

年糕、發粿、紅龜粿、麵龜、麻荖、糕仔潤，各種年節的糕點眞是目不暇給。紅龜粿在福建、廣東廣泛被使用，而無論閩南人、客家人、潮汕人、廣東人在節慶之時都用得上，是祭祀神明必要的供品。閩南、廣東人飄洋過海至東南亞，紅龜粿也在南洋地區成爲祭天時的必備糕點。

以烏龜的形象做爲媒介，很有可能是傳統中原乞龜文化的傳承；麵龜則是另一種特別的祭祀糕點，這是台灣土生土長的原生產品：相傳是兩百多年前發生在高雄，因爲一個爲了到寺廟還願的故事而誕生的供品。紅龜粿、麵龜常常被搞混，因爲外型確實很類似，不過麵龜是麵製品、飽滿渾圓，紅龜粿則是米製品。正月是需要大量準備傳統糕點的月份，除了剛剛介紹的各款年糖之外，正月初二土地公的生日，要準備年糕、發粿祭拜；初九天公生，則要準備各式紅龜粿、麵龜、麻荖。無論傳統糕點如何飄洋過海，畢竟都是在華人圈子裡，但是年糕可就厲害了，五湖四海不同的民族都埋單。

無國界料理——年糕

年糕——是專指大江南北過年都會準備的年節糕點，「糕」通「高」，寓意年年高升、長壽、年年長高。這又是一個有歷史可以追溯的食品：由於農作物成熟一次是爲一年，所以從周朝開始就有過年吃年糕的習俗；又有一個說法是跟伍子胥有關，因此年糕是輩分非常高的糕點。年糕發展多元，儘管各地稱呼相同，但是不同地方做法已經因地制宜、五花八門，就連中國也有數十種不同的原料做法，年糕也相當國際化，日本、韓國、印尼、馬來西亞、新加坡都有，是很有趣的現象。

麻荖則是製作工序繁複、成本較高的點心，正因爲是隆重的食品，在台灣是天公生日拜天公的時候擺在上桌的點心，表示很誠心、很恭敬的祭祀。幾年前朋友送禮，給了我一包名爲蓼花糖的陝西特產，引起了我的好奇，因爲完全就是台灣的麻荖呀！原料形狀口感沒有兩樣，卻是「陝西傳統名貴食品」，來頭不小頗令我意外，一度以爲是大陸山寨版！

陝西和台灣，十萬八千里，台灣重要祭典拜天公的點心，在不流行拜天公的陝西也是名貴食品，好奇心驅使下，我查了一下陝西蓼花糖的來歷：起源是先人有著優良勤儉美德不浪費，利用年關前剩下的年糕再加工製作而成，後來更因爲八國聯軍攻陷北京、慈禧太后避難西安時，地方官員所進獻的貢品，慈禧太后鳳心大悅、吃了讚不絕口，蓼花糖的名稱就是當時由慈禧命名的。如今，在大陸還有三大蓼花糖產地的說法，除了陝西三原，還有河南安陽、吉林福源館。根據陝西地方的說法，蓼花糖是明朝正德年間出現的，當時中原文化南遷的高潮已經結束，麻荖和蓼花糖若是系出同源，到底如何跳過許多省份，傳到遙遠的台灣？抑或是吃年糕的民族的巧合，異曲同工發展出了完全一樣的繁複點心，應該也可以做做學問的。從前我對麻荖的印象是不容易入口，吃的時候會掉不少碎屑，手上會沾黏芝麻或是花生粉，所以敬而遠之，沒有從不同的角度：例如怎麼製作的、爲什麼只有拜天公的時候會上供桌，來好好理解麻荖。

陳家故事

除了精心準備菜餚之外，神明和祖宗們跟在人間的凡人相同，也要一起吃糕餅糖果、歡度新年，除夕、初一要祭祀拜菜之外，燒香也要供上年糖糕點。

正月初九，三跪九叩拜天公

媽媽說，從我剛出生還用布巾包裹著，爸爸就喜歡在假日全家出遊，有時候還會約上叔叔、姑姑；更多的時候，一起和父母旅遊的是他們的大學同學，有幾次是連我的高中同學都帶上。寒假、春假、暑假，都可以是我家安排出遊的時候，但唯獨寒假不容易發起說走就走的旅行，因爲祭祀活動實在很密集。有一回父親想帶著我們開小差，或許是日子搞錯了，出遊的第二天傍晚就匆匆返家，因爲忘記了要拜拜，被奶奶唸叨之下迅速打道回府，準備過年。一家之主對傳統的態度確實很重要，也因爲奶奶很重視大大小小的禮數，不輕易做改變，所以老陳家的菜餚才有那麼多故事可說，儀式才能充滿古早味。

在大家族中最遵守禮數的人可能是當家的女性，對自我特別要求，總擔心外界的眼光。但根據我的觀察，奶奶在祭祀上一板一眼，更多是打從心裡的虔誠和信奉。我從小身上一定有保安宮的平安符、內衣一定有過年前覺修宮安太歲的紅印章；讀書的時候，只要出國旅遊或是參加國際學生會議，奶奶必定在出國前把我帶到關渡宮祈求媽祖保平安，不然就是保安宮。覺修宮、保安宮、關渡宮都跟陳悅記老師府有深厚淵源，陳悅記出地出錢興建和維修宮廟，這原本就是投身地方事務的一環，然而奶奶的虔誠似乎不是出於此，而是她深信恭敬祈求神明和祖先的庇佑，是靈驗而且會有回應的。

拜天公要準備麻荖、麵龜，還有祝壽不可或缺的麵線；更細緻的是將易斷的生麵線，用筷子慢慢捲入玻璃杯裡，再在麵線頂部擺上一顆冰糖。祭祀時將供桌朝外轉向天公爐，供桌的四枝桌腳要墊高，並放上一疊金紙。在香爐內點上一盤沉香，在供桌下來回繞，薰香潔淨。拜天公要在子時前，奶奶那時必定漱洗完、換上得體的服裝，時辰一到就率先上香、三跪九叩。三跪九叩對於其他家族成員來說並不難，但是年長的奶奶即便行動不便、柱著拐杖需要人攙扶，她還是堅持著行大禮。

祭祀的菜

另一道獨特至極，而且一定得在爺爺娩忌準備的，是麥芽蛋。雖然是甜點，感覺不如年菜有份量，但是對於奶奶、父親乃至叔叔、姑姑，爺爺是他們最親近的人，所以父親一定親手製作麥芽蛋，祭祀後大家分享，是一道家族療癒系的甜品。

用陳家菜遙念曾祖父和祖父

關於培根祖的飲食喜好和習慣只能透過不太確定的耳聞，很少能夠具體或證實，因爲曾祖父過世得早，連父親也沒見上過他。不過對於他的事蹟除了小時候透過家人描述外，這幾年是因爲開始整理陳悅記的歷史，從早期的《日日新報》和史料中得知，進而佩服不已。在本書開篇曾概述一二，以下請容我再花些篇幅，描述這位「台灣第一網紅」。

根據二十世紀初的媒體《日日新報》報導，曾祖父陳培根努力透過各種活動，希望將老師府陳悅記的派下凝聚起來，比方舉辦孔子、朱子和陳維英的祭典，恢復曾經的文教台北，重新讓北台灣的士子找到可以依循的方向；此外，他永遠一身長袍出入各種場合，象徵做爲中國人的決心不輕易改變；他也更進一步在他的別墅「素園」舉辦「守髮宴」，邀請文人吟詩作賦，對日本政府要求台灣人斷髮、去中國化採取不合作態度；甚至還把素園別墅的花園劃出來，興建了如今的台北孔廟，並且一直由陳培根家族、後來由我爺爺陳錫銘負責籌辦祭孔大典。這其實是很重要的一件事，因爲直到民國六十年代將孔廟捐給政府前，爺爺不間斷的尊孔祭孔，相對文革方興未艾、祭孔大典的法統在台灣延續下來，由首都政府接手操辦祭孔，這是何等歷史氣魄！

培根祖主持重修保安宮、參與重建陳德星堂、創辦大龍峒信用合作社（台北五信的前身），還將他認爲的陰宅寶地蟾蜍山捐出來，除了自己葬在那裡，也提供給民衆做爲墓園。日據時代的當紅炸子雞辜顯榮一路和曾祖父合作，直到曾祖父過世，辜顯榮擔任治喪負責人。可惜的是曾祖父過世相當的早，他應該有許多沒有完成的理想吧。我猜，培根祖可能是當初台北的話事人之一，而他致力於捍衛民族尊嚴、傳承文化教育、幫助窮苦、凝聚家族情感，成爲在那個時代人人競相爭權奪利、討好統治者中，少有的異數。

農曆二月二十八日培根祖忌日，在這個日子，可能更多的不是談論飲食了，而是追思陳培根做爲中國人、台灣人的風骨。但關於陳家祭祀的菜，都是他們喜歡吃的，這一百多年來，代代相傳。

爺爺愛的甘苦滋味——香魚

早在虱目魚風靡台灣的時候，香魚也曾經在北台灣獨占鰲頭！只不過虱目魚是來自於東南亞、香魚可是正宗東亞魚種，算是自有產物。香魚又稱爲國姓魚，傳說是鄭成功引入台灣養殖。香魚是東亞盛產的特有魚種，以藻類爲主要食物，肉質相當鮮美，被戲稱爲水中女王；至於爲什麼叫做香魚，一種說法是因爲聞起來有西瓜和哈密瓜的香氣，所以叫做香魚。香魚的料理方式很簡單，塗上薄鹽，稍微煎一下就可以上桌了，保留魚肉鮮嫩，魚皮也容易入口。香魚的肚子特別好吃，飽滿之餘，充滿甘苦滋味，搭配鮮嫩的魚肉口感很好，那種略苦的味道，是我愛上香魚的原因。

每到爺爺娩忌，香魚是一定要準備的菜，我不知道爺爺愛吃香魚的原因是否也是因爲甘苦滋味，但從爺爺、爸爸到我，都很愛香魚。從小就愛吃魚的我，香煎鯧魚、豆瓣魚都能吃下一整條，不過印象最深的當屬個頭比較小的香魚和多春魚，因爲香魚和多春魚常常是家裡盤中常客，也經常被拿來做比擬。多春魚好保存、好料理，有滿腹魚子，弟弟特別喜愛，所以當我們年幼的時候，媽媽和弟弟就管多春魚叫弟弟，相對多春魚，大一點的香魚就成了哥哥；我是哥哥愛香魚、弟弟偏好多春魚，好像順理成章了。

周杰倫有首叫做〈七里香〉的歌，歌詞中提及秋刀魚的滋味，聽說讓日本料理店的秋刀魚大賣；期待周董有機會嘗試一下台灣人傳統愛吃的香魚，或是讓其他台灣美食進入歌曲，提振一下傳統美食的能見度。

陳家故事

每到爺爺娩忌，香魚是一定要準備的菜，我不知道爺爺愛吃香魚的原因是否也是因爲甘苦滋味，但從爺爺、爸爸到我，都很愛香魚。

有點黏又不會太黏的思念——麥芽蛋

另一道獨特至極，一定得在爺爺娩忌準備的，就是麥芽蛋。雖然是甜點，感覺不如年菜有份量，但是對於奶奶、父親乃至叔叔、姑姑，爺爺是他們最親近的人，所以父親一定親手製作麥芽蛋，祭祀後大家分享，是一道家族療癒系的甜品。

麥芽很香很甜，但是又硬又黏只能含在嘴裡，讓麥芽隨著口腔的溫度慢慢融化。麥芽也是中藥，對於食積不消、腹脹脾虛等有療效。爲了能夠輕鬆而順利地吃下麥芽，不知道是哪個聰明人想出了「麥芽蛋」這道「獨步全球」的菜。

也許帶著一點有志者事竟成的味道，廚房爐火上揮汗如雨，經過一次次嘗試，不知道積累了多少的失敗經驗，找到了加熱蛋時能夠持久軟化麥芽的關鍵食材，最終發現了麥芽和蛋結合的黃金比例，做出了獨特的麥芽蛋——口感柔順綿密，咀嚼的過程中，有點黏又不會太黏，有點甜又不覺得太甜。麥芽和雞蛋的香氣交融得恰到好處，略微彈牙，少了不過癮，多了又太甜膩。

記憶中，麥芽蛋是專屬父親的拿手點心，每到祭祀爺爺的時候，父親就會讓母親拿出麥芽，先隔水加熱軟化，再慢慢地攪動蛋和麥芽。製作麥芽蛋的心法，我的體會是要慢慢加熱、攪拌、蒸煮，愈有耐心，愈是能夠把麥芽蛋做得細緻。我常常想，爺爺是怎麼樣的人？父親是否在做麥芽蛋的過程中回憶起爺爺，思念起父子間的一點一滴？

食材準備

・麥芽
・雞蛋

烹調程序

一、將麥芽糖隔水加熱，另外將同等量的雞蛋打散、打勻。

二、麥芽糖隔水加熱到八十度左右後，再將蛋汁少量加入，慢慢加、不停攪拌。

三、步驟二耗時大約四十分鐘，直到蛋汁和麥芽完全融合，感覺趨於濃稠後，再蓋上鍋蓋蒸約二十五分鐘即可。

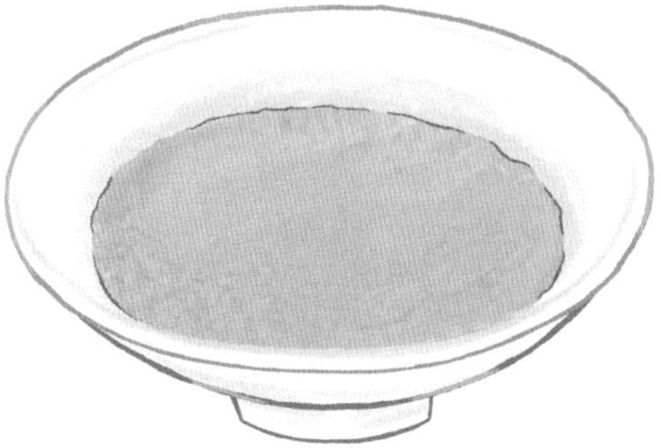

陳家故事

麥芽蛋是父親的拿手點心，每到祭祀爺爺的時候，父親就會爲爺爺親自做這道甜點。我常常想，爺爺是怎麼樣的人？父親是否在做麥芽蛋的過程中回憶起爺爺，思念起父子間的一點一滴？

極簡養胃大補湯——泔雞

雞的料理方式可能是肉類中最多元的，除了一般煎煮炒炸烤，功夫最多還是下在燉補上，尤其老母雞、烏骨雞、土雞被賦予各種滋補療效，搭配不同燉煮方式發揮老祖宗理想中的效果。要說雞是人類飲食的好朋友和忠實夥伴，相信狗也不會介意。在不同的時節，奶奶會準備不同的雞料理，四物雞、麻油雞、香菇雞；然而說是祖先愛吃而跟祭祀相關的，或可能只有老陳家還吃得到的，當屬泔雞。

泔，是煮稀飯後的湯水，是濃稠的米湯；把整隻雞放到泔裡燉，米湯將雞皮和雞肉的油脂完全吸收，品嚐的時候，無論肉或湯，都不會有油膩的口感。原本是口感濃稠、味道稍顯平淡的雞湯，亮點在於透過中西結合的手法卻讓這道菜有了奇妙的組合：烤幾片吐司，抹上奶油，蘸著湯吃，奶油的鹹味讓雞湯有了味道，而烤得微焦的吐司遇到雞湯慢慢軟化，在口中的滋味妙不可言。

吐司和奶油什麼時候傳入台灣需要進一步考證，但是按照閩南語奶油的說法，沿用的是日本外來語，所以這道菜順勢帶上外來食品，推估這樣的黃金組合應該在一百年上下。對新事物的勇於嘗試，是台灣大部分老家族面對新時代的選擇。根據《日日新報》的報導，阿祖陳培根可能是台灣第一位專業攝影家，還舉辦過攝影展，在他的管理下，陳悅記老師府可能是北台灣最早通電的老宅邸之一。吃吐司、奶油是阿祖開始的，還是爺爺的喜好，現在已經問不到了，但是聽奶奶說從前爺爺身體不好的時候，就會準備粥雞給爺爺吃，清淡好下口，可以補元氣。

食材準備

- 仿土雞一隻
- 糯米一杯
- 吐司
- 奶油

烹調程序

一、雞煮到半熟。
二、糯米加水熬煮，水量比煮粥多兩倍。
三、待熬出濃稠米汁，把糯米取出，將半熟的雞放入米湯燉煮至雞肉軟硬適中，少許鹽調味。
四、吐司烤到微焦，塗上奶油，搭配雞湯。

陳家祕方

泔雞內的湯汁不宜太濃稠，小火慢燉，注意不要因爲太稠、火太大而燒焦。烤得微焦的吐司，一定要抹上含鹽奶油，和雞湯眞的是絕配！

二月初五，拜月嬌祖媽——陳家雞捲

雖然雞捲在過年的年菜就會出現在餐桌上，但是我在這裡才讓雞捲登場自我介紹，是因爲在媽媽的筆記中，祭拜月嬌祖媽的指定菜色是要準備雞捲，搭配一盤雞肝，代表月嬌祖媽很愛雞捲。月嬌是培根祖的夫人，是十九世紀末期的人物，這樣說來，陳家雞捲上百年的悠久歷史就非常清楚了。

我本來以爲世界上只有一種雞捲，當然就是從小吃到大的陳家雞捲：外脆內軟，多汁爽口，內餡口感層次豐富。看到這裡，一般人一定覺得奇怪，因爲這不是大衆印象中夜市或是部分台菜餐廳雞捲的味道——雞捲怎麼會多汁？雞捲怎麼可能酥脆爽口？如今普遍吃得到的雞捲外皮炸得並不十分酥脆，包裹的內餡是扎實口感的魚漿，沒有汁水或是層次可言，所以我才發現：台灣存在「一個雞捲，各自表述」！

查了一下雞捲的來歷，相傳是源自於福建漳州龍海石碼，原名石碼捲。對於這道菜色如何成形的，有一個說法是某個大廚神來一筆，將多餘的食材剁碎包起來油炸，因此雞捲其實跟雞肉無關，是因爲雞的閩南語發音等同於多，所以石碼捲叫做雞捲（多捲），意思就是利用多餘的料製作的特色菜。宜蘭豬肝捲、府城的蝦捲，都是石碼捲渡台後的加料升級版。我根據雞捲的原始做法，還有品嚐過台南老店阿霞、閩南地方目前介紹雞捲的食譜，老陳家的雞捲應該是傳承漳州正宗的做法。

雞捲的做法特別，將內餡包好後必須先蒸熟，不然雞捲裡面的洋蔥無法熟爛，會有生腥的味道；蒸透後，再切成一截一截的下油鍋炸，順序和火候得控制的恰到好處，才能有最佳的金黃外皮和多汁內餡！

食材準備

- 洋蔥二個
- 五香粉一又二分之一茶匙
- 絞肉三兩
- 荸薺五兩
- 糖一大匙
- 麵粉七十克
- 鹽一小茶匙
- 雞捲皮適量

烹調程序

一、洋蔥切丁、荸薺切碎。
二、將所有材料攪拌均勻。
三、用雞捲皮包裹上述內餡，每捲雞捲內餡約一百六十克。
四、將雞捲大火蒸十分鐘。
五、放入油鍋，炸到雞捲皮酥脆。

陳家祕方

洋蔥多汁，而且有甜味，但是這一切得在蒸過之後才顯得美好，不然生的洋蔥，或是只過油炸，就會像西餐的炸洋蔥圈，依舊有很濃的氣味。洋蔥在雞捲裡面是用來加分的，不能因爲疏忽了程序而扣分。

秋天祭祀的獨特菜色——栗子雞

栗子是中國先祖最早馴化的果類植物，從老祖宗開始食用到現在，歷史超過三千年了，是入秋時分的養生聖品，不是我說得很玄乎，是「乾果之王」的名頭在江湖流傳已久，名氣響亮，栗子的保健功效包含養胃健脾、補腎強筋、活血止血。每年中秋前後的祭祖菜餚，家裡都會準備栗子雞，呼應了秋天吃栗子的食補時序。在中國北方，栗子炒了就當作點心下腹，而愛吃栗子的日本人也是把栗子當作點心，不過台灣人特立獨行，栗子成爲大菜，撐起另外一片天。

食材準備

• 仿土雞雞腿一隻
• 栗子十粒
• 炸過的蒜頭十粒

烹調程序

一、將雞腿切成五塊，加入二十毫升的醬油、八十克地瓜粉、一又二分之一茶匙的五香粉抓勻，並且醃半小時。
二、大火炸至表面金黃。
三、醬油加水，加入少許五香粉，煮滾後，加入雞腿、栗子、大蒜，再大火蒸一個小時即可。
四、醬油水要加至食材的八分滿，味道才能飽滿。

節氣的菜

老陳家的春捲是一道神奇的菜，因為它將寒冬轉入暖春的時序用烹飪的技巧完整刻劃出來。從視覺上，金黃乾脆的外皮象徵萬物凋零生長停滯，咬開後豆芽的白透出韭菜的鮮綠，這充滿畫面性的一幕讓人捕捉到白雪皚皚的大地透出新綠的枝椏、大地回春的一刻。

別無分號的春天滋味——春捲

人說「吹面不寒楊柳風」，那種溫暖而滋潤的感受其實在餐桌上也能找尋得到。很少有機會品嚐其他餐廳的春捲，但是對於家裡的春捲總是熱切期待，小小的一捲，十分簡單的食材與做法，口感卻出奇的豐富有層次：外皮金黃酥脆，咬開後內餡柔滑濕潤，豆芽、韭菜和金鉤蝦的香氣頓時直奔味覺神經。

春捲是立春當天的特色點心，閩南語稱做「春餅」，最早在唐朝就有春餅的記載，而最晚到了元代就有炸春捲的描述記載了。這個元老級別的點心就是過年應景的食物，大家聚在一起吃春捲咬春，健康吉祥。春捲在中國各地有不同的餡料，在東南亞、西歐也有類似吃法，比較有意思的是閩南、潮汕地區沒有油炸前的春捲叫潤餅，菲律賓、荷蘭也有類似的食物，用他們的語言發音正是閩南語潤餅的說法，這也許是巧合，也許眞的是從閩南飄洋過海傳過去的。不過潤餅要等到尾牙時候才登場，注意力先轉回春捲上。

老陳家的春捲是一道神奇的菜，因爲它將寒冬轉入暖春的時序用烹飪的技巧完整刻劃出來。從視覺上，金黃乾脆的外皮象徵萬物凋零生長停滯，咬開後豆芽的白透出韭菜的鮮綠，這充滿畫面性的一幕讓人捕捉到白雪皚皚的大地透出新綠的枝椏、大地回春的一刻。由於勾芡保留了汁水，入口的溫潤告訴你：春天到了！這是詩情畫意的一道菜，似乎只有老家族傳承的做法才能完整傳達吧。

食材準備

- 綠豆芽二斤
- 春捲皮一斤
- 絞肉半斤
- 金鉤蝦一百克
- 韭菜四兩
- 黑胡椒四茶匙
- 白胡椒二茶匙
- 地瓜粉一百克
- 鹽二茶匙

烹調程序

一、將春捲皮一張一張撕開備用。以上食材約可做三十份。

二、金鉤蝦泡水、剁碎。

三、先以三大茶匙油熱鍋，再將絞肉、金鉤蝦爆香後，加入豆芽菜拌炒，泡金鉤蝦的水也倒入鍋內提味。

四、炒熟後，再加入韭菜、鹽、胡椒粉調味，最後用地瓜粉勾芡，讓食材黏稠，不易出水。

五、將第三、四步驟製作好的餡料，均勻包裹入春捲皮，油炸至春捲皮呈金黃色即可起鍋。

陳家祕方

勾芡是一絕，炸過之後的春捲有爆漿的口感，白胡椒粉是另外一個特色。閩南人吃粥，客家人吃米粉，都會灑上一些白胡椒，是個有意思的現象，姑且不論白胡椒是什麼時候到中國，可是搭配起來眞的很正！春捲內餡拌入白胡椒，也確實畫龍點睛，有醒春效果。

五月五過端午——陳家鹹粽

和年糕一樣，中國的粽子文化十分特別，大江南北的粽子種類繁多，集合起來都能夠召開粽子嘉年華了！即使在台灣，粽子也有鹼粽、甜粽、肉粽的分別，肉粽還分爲北部粽、南部粽。鹼粽是福建、廣東地區在端午節除了肉粽之外，必備的特色粽子；而甜粽則是潮汕地區的特色了，又稱爲梔粽、梔粿。端午時分，潮汕濕熱交加，是當地人認爲的惡月，《本草綱目》、潮汕《百草良方》都提到梔子能夠清熱瀉火、消除煩躁，吃梔粿就是「食壯」，吃一次強健身體一回，是一款很應景的食品。

台灣是個族群大熔爐，不單單有閩南文化、客家習俗，在許多方面，福州、潮汕、廣東的生活習慣也一直在你我身邊。所以除了端午有肉粽、鹼粽、甜粽，二十世紀中開始，飄洋過海而來的湖州粽也流行起來。我個人只愛肉粽，因爲一直認爲粽子就該吃鹹的，而且要有豐富配料，要香、要有肥肉。

從小對於端午節的記憶非常多，一定會有粽子形狀的香包掛好幾天，一大早就有龍舟比賽的轉播，雖然無聊不過挺應景。中午全家一定會在父親的吆喝下，輪流用沒有冰過的生雞蛋，嘗試著讓雞蛋站起來，是所謂端午立蛋。晚上會有一缸熱水準備好，泡著一把艾草和巴斯克林泡澡，眞是滿滿而豐富的活動。不過，持續最久而最令人嚮往的就是包粽子了。早在端午來臨前的好幾天，奶奶就把粽葉洗好、曬乾，整屋的香氣就預告著端午即將到來。製作肉粽的材料乾貨準備齊全了，奶奶就會拿兩張椅子放在廚房背對背挨著牆、距離大約一公尺，在兩個椅背中間架上竹竿，竹竿中間繫上一捆粽繩，在一旁待命的是洗好曬乾的麻竹葉；拿起兩張葉子，把鍋裡香氣四溢的粽飯，用粽葉包出三角立體的形狀，然後用粽繩捆好，這是端午節廚房包粽子的景象。

我唯一能幫上忙的，就是最後纏上細繩綁粽子的階段。奶奶包的肉粽內容豐富，至於奶奶包的肉粽爲什麼那麼好吃，當時的我一無所知。算來該有十來年家裡不再自己包粽子了，外面也難找到有相似的好味道。出於好奇，問了母親才知道，老陳家的粽子原來不簡單。我記憶中豐富的配料、「香而適中的肥肉」，眞的是奶奶肉粽的關鍵字！先將蒸好的糯米用紅燒肉的湯汁攪拌均勻，搭配準備好的蛋黃、蚵乾、栗子、乾魷魚、香菇和肥瘦各半的三層肉，緊密包裹，內料豐富，香氣逼人。北部的粽子是用蒸熟的，不像南部粽子是用煮的，因此粽子米粒依舊顆粒分明，特別是奶奶選用尖糯米來包粽子，所以再怎麼重複蒸熱，粽子依然有彈性，米粒軟中帶硬、乾濕合度。

邊寫邊想念奶奶的粽子，口腔不由自主地濕潤了起來。這十多年來，都是買肉粽回家過節。因爲從奶奶開始行動不便，家裡就沒再自己包粽子了，這味道的回憶讓我在敲鍵盤的時候屢屢停下來，嚥口水。由儉入奢易，由奢入儉難，吃肉粽也是這個道理。吃習慣了豐富飽滿的老陳家肉粽，外邊的肉粽都感覺單薄了些。

七月初七，接眼淚的碗——糯米圓子

一直以來我堅定地認爲中國人才是創造力和想像力最豐富的民族，因爲中國的神鬼故事太多太豐富，而且多與生活習慣、儀式禮節充分結合，其中七夕就是我認爲最具特色的例子。

牛郎和織女的故事相信大家都不陌生，但是這個超浪漫的愛情神話來自於上古中國人對於星象的崇拜和觀察。古時候的中國人將天上的星星一組組分區劃分並且命名，也和地面上的地理區域相對應；織女星和牽牛星北南呼應，在每年的七月初七，兩個星座拉近距離到銀河相會，因爲一年就這麼一次。

七夕的傳說和節日儀式，最初跟情人節無關，根據史料記載，從兩千年前的西漢就開始，到了宋朝算是將這個節日推向鼎盛，大江南北都演變出不同的節慶風俗，滿滿的歡樂而幸福，因爲七娘娘代表的是女紅達人，又是孩童的保護神。所以在愛情之外，七夕在早期的中國社會，主要是女性祈求能有好手藝，希冀小孩平安的日子，七夕的節日元素其實就是以婦幼爲主。把七夕變成了情人專屬的節日，到現在原先的意義不見了，這是將錯就錯的節日了。

古人觀察星象、記錄天候狀況，也同時察覺到七夕當天大多會飄著小雨，因此穿鑿附會的歸因於牛郎織女難得相見，喜極而泣，這和清明雨紛紛有異曲同工之處。祖宗們串起了一系列天衣無縫的故事環節，所以浙江有拿臉盆接眼淚的傳統，而我們是用湯圓接眼淚。

我從小看著奶奶七夕前會用白色、紅色的糯米搓成圓子，再把搓好的圓子，用大拇指在中間往下壓成碗狀，入鍋煮熟，成爲祭祀七娘娘的主要

供品；好奇的我不禁問起原因，奶奶也說是要接眼淚用的，感覺比臉盆雅致，但是祭祀後又能當甜點飽肚子。所以，供桌上擺上三碗碗狀的圓子、一對雞冠花、胭脂、油飯，頗具特色的祭祀傳統又添上一筆。

臘月初二尾牙宴——潤餅

關於節氣的料理，最後壓陣的尾牙菜品是最爲親民，需要準備的材料卻也最讓人眼花撩亂的潤餅。在我還不會做菜，或是說輪不到我進廚房的年紀，吃潤餅和刈包是比較有趣的一頓飯，因爲尾牙晚上擺滿餐桌五花八門的食材，是組成潤餅、刈包的不同元素。上了桌開飯，人人都得自己動手、調味、搭配屬於自己心儀的潤餅，充滿當家作主的自由風。這是參與感十足的晚餐，等於把廚房移到餐桌，人人也都是廚師。

尾牙是流行於宋朝的節日，而保留尾牙的精神、尾牙的應景食物，應該就是台灣了。不知道爺爺奶奶是怎麼看待尾牙這個包潤餅、吃刈包的節日，或是說這頓晚宴？但至少父親是十分重視的，也可以說在我腦海中，從小深深刻劃著尾牙和潤餅的連結，能夠有這份趣味產生，父親是重要推手。在我有印象的尾牙中，大概多會和親戚，或是父母的同學、朋友一起度過，也許父親深諳尾牙的意義，也許明白正宗潤餅已經不多見了，所以會吆喝著大家一起來打牙祭。如果潤餅如同坊間看到的一樣，煮熟的青菜加點花生粉、包一包就好了，那麼我認爲頂多算是沒有炸的春捲；此時會特別提出老陳家的尾牙潤餅，正是因爲不簡單！不說主要內餡的製作材料和口味與現今流行款不同，配料就有八種，沒花個兩三天，是絕對準備不來的。

尾牙宴之前，得先去熟悉的菜市場預定潤餅皮，皮要薄但是又不能攤得太過隨便，造成麵皮不均勻或是太容易破裂；拿到新鮮出爐的潤餅皮，回家後要一張張分開，等涼了再疊起來包好，以免麵皮黏在一起，到了包潤餅的時候撕不開。這在尾牙宴登場之前，算是吃潤餅最簡單的基本功。接下來就是張羅不同的配料：扁魚、滸苔、金鉤蝦、紅蔥頭、豆乾、蘿蔔乾、香菜、豆芽、花生粉，花生粉加不加糖還有講究。

上述的配料，要花些時間洗、切、煮、煎、炸，準備時間就得花上至少半天。光是搞定配料，就已經全身痠軟，更麻煩的主菜還在後頭，難怪按部就班做潤餅的家庭愈來愈少。除了送入口中的食材得講究，父母對於盛裝的容器也十分挑剔嚴謹，我從小到大吃潤餅一定是用家裡的七巧盤，就跟裝佛跳牆一定用一盅甕一樣慎重。父母認爲潤餅一定得用架高而能旋轉的七巧盤，一方面能夠將多樣豐富的配料一起呈現出來，再來是架高而能旋轉，對於在桌面鋪上潤餅皮包潤餅，是很方便而順手的。在國外讀研究所的時候，有一次跟媽媽的對話是談到七巧盤的其中一個碟子摔破了，母親的懊惱和焦慮表露無遺！事隔這麼多年，父母怎麼都找不到類似的餐具，我得加緊上網搜尋下，利用流行的網購，化不可能爲可能。

食材準備

◎主餡料

・二斤蔥切段
・一斤長蒜切段
・二顆高麗菜切絲
・半斤五花肉切薄片
・一根紅蘿蔔切絲
・一個刈薯切絲

◎配料

・扁魚
・滸苔
・金鉤蝦
・紅蔥頭
・豆乾
・蘿蔔乾
・香菜
・豆芽
・花生粉

烹調程序

◎主餡料

一、上述食材分別炒熟，加鹽調味。
二、將炒熟的食材一起放入鍋中煮爛。

◎配料

一、扁魚、滸苔、金鉤蝦、蘿蔔乾、紅蔥頭剁碎爆香。
二、豆乾切條狀炒熟。
三、豆芽汆燙。
四、香菜洗淨。

陳家祕方

配料是整體提味的關鍵，每一項都有獨特的氣味，任君挑選，也可以每一樣都加上一點，所以爆香要徹底。然而，花生粉千萬別加糖。坊間許多加了砂糖的花生粉，搭配潤餅形成怪異的甜味，不但搶了配料的香氣，味道也變得很詭異。「陳家吃法」是將潤餅皮攤開，置中放上主餡料，隨個人喜好加配料，在潤餅皮下緣抹上海山醬，將潤餅皮包裹成條狀即可。

父母親的菜

常常等到爸爸坐定了，媽媽才從廚房把熱騰騰的絕活端出來。一頓飯的話題往往就在父親評判菜的口味做法、媽媽的解說捍衛，你來我往的鬥法中，練就了媽媽無比超群的廚藝。

吃貨父親，廚師母親的真愛表現——豆瓣鯉魚

父親是道地的美食家、大咖吃貨，因爲他有自己的見解和判斷，無論是中餐或是西餐，他總是能夠評論得頭頭是道。在家裡，他幾乎不太會進廚房，除了做麥芽蛋，就是心血來潮肚子餓了的時候炸香蕉吃，但是他曾經到杭州和上海我經營的餐廳，耐心和廚師交流，帶他們試做老陳家的幾項拿手菜。父親對於西餐同樣非常講究，喜歡品嚐歐式甜品，也很挑剔，母親因此變成了「藝貫中西」的好手——民國七十年代媽媽就會做酒汁薄餅、提拉米蘇，當時台北街頭還沒有多少西餐廳有這類甜品。我一直納悶母親怎麼如此廚藝超群，吃過就能做出來，那可是沒有網路、少有廚藝教室、買食材設備都不容易的時代。

一個願打一個願挨，針對每一道菜都能品頭論足一番，看來也是父母生活的另類情趣。平日在家中用餐，只要飯菜快要準備好了，媽媽一定讓我催促爸爸上桌用餐，如果遇到爸爸正專注其他事情，或是沒有立刻就座，媽媽會親自三催四請、口中不忘唸叨著：「再不快吃，涼了味道就都不對了！」常常等到爸爸坐定了，媽媽才從廚房把熱騰騰的絕活端出來。一頓飯的話題往往就在父親評判菜的口味做法、媽媽的解說捍衛，你來我往的鬥法中，練就了媽媽無比超群的廚藝。

不知道媽媽比較喜歡接受父親的挑戰，把自己的手藝呈現出來接受衆人公評，還是比較傾向於去外面的餐館和爸爸一起評斷別人家的廚師；不過若是按照我的小私心，我倒是認爲外出用餐的結果紅利最多，因爲只需要花一頓飯的費用，就等於把別人的廚子請到家裡了。爲什麼我會這樣說呢？因爲媽媽好像有乩童的體質，可以任意讓他人的廚藝上身，轉化爲廚師身分後，樣樣餐點都難不倒她。舉一個小小例子，某年某月的某一天，當年才十六歲左右的我，全家光顧可能是台北最早、在當時也是最正宗的德奧餐廳。舉凡裝修、擺盤、菜餚品項，當然還有定價，都看得出老闆的用心。一頓飯吃下來，在所有菜餚中，飯後甜點提拉米蘇讓一家人咀嚼良久，別看現在提拉米蘇到處都有，回到三十年前，對民國七十年代末期的我來說，這可是一盤陌生的食物。

印象中，母親應該和廚師交流了一下，點了點頭像是客套說了幾句話，父母就帶著滿意的笑容，外帶一份提拉米蘇回家了。約莫一個多月後，爲了幫家人慶生，一個八吋的提拉米蘇誕生了！媽媽開始愈做愈起勁，調整酒和芝士的比例，開創性地推出酒味提拉米蘇、冰淇淋提拉米蘇，幾款獨到口味曾經在我蘇州的小餐廳賣過，佳評如潮。原來就很會做蘋果派、芝士蛋糕、波士頓派的母親，攜手提拉米蘇組成媽媽廚房甜點的四大天王，送往迎來做爲伴手眞是無往不利。閒來無事，母親還在社區開西點班免費擴散給其他媽媽們，協助大家抓住家人的胃，做功德。

愛做菜跟做得好吃是兩回事，媽媽愛料理又料理得很道地，兼而有之；烹飪技術高超跟愛不愛吃更是不相干的兩件事情，媽媽是一個只愛吃口感清淡的小火鍋，甚至只有青菜就能解決一頓飯的寡欲之人。但是要說明母親特別不愛吃什麼還眞想不出來，但豆瓣鯉魚是媽媽聞之色變、最怕的一道菜。媽媽很會做豆瓣鯉魚，也做得十分好吃，但是她面對桌上的豆瓣鯉魚是不會動筷子的，因爲心裡有幾十年的陰影。

父母大學同班的那些年，酷愛豆瓣鯉魚的父親，常常拉著媽媽、兩人約會就是去固定的幾間川菜館大快朵頤；豆瓣鯉魚魚肉要伴隨豆腐和許多配料一起吃才好吃，但是鯉魚多刺，淋上豆瓣醬汁後，魚肉和豆腐還不太好分。根據媽媽的回憶，有一次她不小心被魚刺卡住了喉嚨，舉凡各式能去除魚刺的偏方都試過了，父親趕緊帶母親去醫院求救，醫生得將媽媽的舌頭往外拉才能把魚刺取出來，是個聽起來非常驚心動魄的回憶。但是媽媽爲爸爸做了這道豆瓣鯉魚，應該是眞愛的表現了。

食材準備

- 活鯉魚一條
- 青蔥八支
- 蒜頭八粒
- 生薑一塊
- 豆瓣醬一大匙
- 辣椒醬二大匙
- 酒釀二大匙
- 糖一匙
- 辣椒油一大匙
- 水一杯半
- 太白粉

烹調程序

一、鮮鯉魚汆燙備用。

二、青蔥切成蔥花、薑切片、蒜頭切末。

三、熱鍋，加入兩大匙油，將蔥、薑、蒜、辣椒稍微爆炒。

四、加入豆瓣醬、辣椒醬、酒釀、水、糖，燒滾後再加入鯉魚蓋鍋小火悶煮入味。

五、加入太白粉勾芡。

六、最後淋上辣椒油。

七、拌入蔥花。

八、預留一些青蔥花，關火後拌入，增添好的視覺顏色。

陳家祕方

對父親來說，好吃的豆瓣鯉魚要符合幾個要素，首先是豆瓣要香辣，魚腹要有魚子或魚鰾，魚肉要嫩。而吃豆瓣鯉魚一定會搭配乾扁四季豆，這是款必點的搭配菜品。

母親的獨門手藝——粉蒸排骨

中國菜多元複雜，因爲有地域氣候因素、生活習慣累積，還有多民族菜系的區別，縱然有四大菜系、八大菜系的說法，其中相似雷同的也不少，例如聞名遐邇的臭豆腐，在紹興、長沙、黃山、南京都有，做法各有巧妙不同，不過台灣的臭豆腐相傳是長沙的老兵帶到台灣，因爲台灣的物產習慣的差異而逐漸演變的；天津、北京都有烤鴨，也都號稱說自己是發源地；台灣名菜三杯雞，一直是對外地人介紹台灣菜的時候，必不可少的名單之一，不過三杯雞的老祖宗其實來自於江西，而三杯雞又以江西寧都、南昌、萬載三地最負盛名，這道菜甚至和南宋的文天祥都產生關聯，然而加糖、加九層塔卻是台灣特色。

說回到父親極愛吃的粉蒸排骨，我原本以爲這就是一道來自於四川的菜餚，沒料想打開湖南、貴州、雲南餐館的菜單，粉蒸排骨也是他們的道地美食。也不知道母親是怎麼樣的因緣際會，練就粉蒸排骨製作料理的心法，能夠肯定的是父親只吃母親做的粉蒸排骨，外面餐館的據說都比不上母親做得好吃。

食材準備

- 豬小排半斤
- 地瓜一條
- 蒜末一小匙
- 醬油二大匙
- 五香蒸肉粉一包
- 辣味蒸肉粉一包
- 太白粉一大匙
- 蔥花適量
- 香油一小匙

烹調程序

一、地瓜削皮切片擺在碗內。

二、小排骨切小塊，用醬油和蒜末拌勻，醃製二十分鐘。

三、加入五香蒸肉粉、辣味蒸肉粉及太白粉，灑上辣椒粉拌勻。

四、將醃好的排骨一塊一塊在混製好的粉上沾勻。

五、排放在地瓜上。

六、放入電鍋，外鍋三杯水，蒸熟。

七、灑點蔥花，淋上一小匙香油即可。

陳家故事

也不知道母親是怎麼樣的因緣際會，練就粉蒸排骨製作料理的心法，能夠肯定的是父親只吃母親做的粉蒸排骨，外面餐館的據說都比不上母親做得好吃。

四川味與客家味的結合——黃豆瓣薑絲牛肉

母親是客家人，但是對客家菜不太拿手。因此這道菜究竟是桃園中壢的客家菜或是當地老兵結合客家美食自創的，不得而知。這道菜巧妙之處是結合了四川豆瓣和客家的薑絲，但是完全沒有辛辣的口感，十分特別。

大學時代的父親和母親，兩人的約會行程是到處找美食，某一次，兩位吃貨走訪到中壢客運站旁一條巷子內的小店，這間「巷子內」的小攤子果然不負眾望，一道薑絲牛肉吃得讓父親久久難以忘懷，於是兩人常常一個勁兒地往中壢跑。或因舟車勞頓，母親開始自己料理薑絲牛肉。如果我記得不錯，應該是在我讀小學的時候，爸爸還會偶爾開車載著一家人奔向中壢那條巷子，估計是當時媽媽料理這道菜的火候還不到，父親再帶著大家一起去「領悟領悟」。

食材準備

- 油
- 牛肉片半斤
- 薑絲二兩
- 黃豆瓣醬二大匙

烹調程序

一、熱鍋加三大匙油。
二、牛肉放入拌炒至半熟。
三、再加入薑絲及黃豆瓣醬，繼續拌炒至熟透。

清而不濁保醇厚——醃篤鮮

台北不乏好的上海菜館，我就讀大學時更有一間上海餐館備有舞池，晚飯後還能跳舞，重現上海風情，那種兼具懷舊與時尚的感覺，父母還滿喜歡去光顧的，邊吃著美食、邊看著其他顧客翩翩起舞，饒富情趣。

上海菜融合了蘇州菜和寧波菜，因爲在上海還沒有發達前，生活習慣先是跟著蘇州，清末民初時，打開對外通商而繁華一時的寧波口岸，也深深影響著上海，因而在飲食和語言上都摻雜一起，難分彼此。蘇州的特色菜餚八寶鴨、名點心生煎包、葱油拌麵也成了百年上海菜老店的招牌。而「本幫菜」（亦卽上海菜的別稱）頭牌之一的醃篤鮮，正是源自於寧波菜。

醃篤鮮的配料其實就寫在菜名上：用醃過的肉，慢火熬煮新鮮的肉。在台北上海餐館的醃篤鮮湯汁濃白，一直被父親認爲是正宗的色澤，然而帶父親到上海的幾家老字號本幫菜餐館品嚐，醃篤鮮的湯頭口感鮮郁，可是湯色卻無比清亮，這就困惑了我們，讓父親一直先入爲主以爲在上海的上海菜變了樣。一種說法是：醃篤鮮承襲上海鯽魚湯的做法，留油大火收汁，所以湯汁呈現白色；另外的論點是：眞正上乘的湯頭要如同熬高湯小火慢燉，清而不濁還保有醇厚，看起來清湯色反而才是細煮慢熬的正宗手法。不過，這道來頭不小，坊間傳聞和胡雪巖、左宗棠有關的菜並不是我母親拿手的，稍微參照上海師傅醃篤鮮食譜描述如下，紀念父親如同上海海納百川的精神、胸懷廣闊的氣度。

陳家故事

台北不乏好的上海菜館，我就讀大學時更有一間上海餐館備有舞池，晚飯後還能跳舞，重現上海風情，那種兼具懷舊與時尚的感覺，父母還滿喜歡去光顧的，邊吃著美食、邊看著其他顧客翩翩起舞，饒富情趣。

食材準備

- 雞骨／豬大骨高湯一公升半
- 五花肉半斤
- 金華火腿一百克
- 百頁結十二個
- 熟筍一支
- 青江菜四顆
- 薑二片
- 米酒一大匙
- 黃酒二大匙
- 鹽少許

烹調程序

一、準備一鍋雞骨及豬大骨熬製的濃高湯約一公升半。
二、五花肉、筍子切塊狀。
三、煮一鍋水，將五花肉及筍子汆燙。
四、將金華火腿淋上米酒蒸二十分鐘，切塊。
五、汆燙後將所有食材（除青江菜外）加入高湯中大火煮開，轉中小火熬煮兩小時。
六、依照個人喜好調味，加鹽巴或味精。
七、最後加入青江菜。

幕後操「盤」手

陳媽媽，桃園埔心黃氏，具備「上得了廳堂，下得了廚房」的本事，對人述說起陳家傳統的菜式一向頭頭是道，烹飪對她說來如反手折枝。但是，就像台灣許多老家族的後代，母親反而說不出自己老黃家到底有什麼特色菜，很可惜；我們中國人最愛吃了，如果連吃的味道都沒留下來，其他的傳統也極爲可能付之闕如。

我小時候，大概兩、三歲，爸爸會帶著我陪媽媽回桃園祭祀，那是黃家大祠堂，恢弘華麗，還有乾隆皇帝手書匾額千頃地的建築，但是如同本書開篇的推斷，應當也是另一個老家族的悲歌：家的味道沒有留下，後代四散，也沒有凝聚起來，文物歷史沒了，宗祠也拆了。陳媽媽是黃娘盛之後，日本殖民前可是一方霸主，日本人登陸後，也是台灣最有膽識的仕紳之一，因爲黃娘盛是日本殖民台灣之初安平戰役的首領。

甲午戰後，台灣對日本人來說是囊中之物，大軍從基隆登陸進入台北城，幾乎沒有遭遇大阻礙。曾經留學陸軍強國普魯士的日本親王北白川宮能久揮軍南下，準備一舉接收台灣之時，卻在桃園平鎮一帶遭遇大規模武力抵抗，宮能久傷重，後來不治死亡。在平鎮打響台灣人眞正抗日的第一槍，讓日軍在桃竹苗灰頭土臉的，正是黃娘盛等人帶領的安平戰役。

父親和母親的祖輩一文一武，陳培根和黃娘盛努力用自己的方式，希望保護和延續自己的文化和認同、保護自己的家鄉，頂著的可是丟掉項上人頭的風險。

想當年，早期的移民們爲了延續寶貴的傳承與對於這片土地的責任感，建築、衣著、飲食、休閒娛樂，都照搬到台灣和南洋，甚至地名都沿用老家的地名，先祖們眞的願意付出一切維護文化認同。

我一直認爲，愼終追遠不是只有拿著香拜拜、講究傳宗接代，更是要讓文化恆久流傳，不要毀在我們這一代的手裡。數千年政權更迭，哪怕外族統治下，文化傳承依舊。看看現在的台灣，文化迷航的後續，可能在其他面向所造成的蝴蝶效應，想起來都覺得可怕。現在是英文名才有感覺，西餐、咖啡、紅酒比較高尚，歐式建築氣派，說話夾雜英文表示專業，曾經引以爲傲的一切，可能再次被認定是糟粕。

我這個世代的人實在幸福，出生在經濟起飛的台灣，在教育全面普及卻相當嚴謹的時期，在一個願意告訴你是從哪裡來的社會。我們有機會探討做爲中國人、也是台灣人的歷史脈絡，重要的是不拒絕，甚至可以驕傲地說我們保留並代表中國文化。

吃，是跟生活最密切相關的，在文化傳承和傳遞中，姑且是個引子。從吃什麼、怎麼吃、什麼時候吃，去了解傳統文化、祭祀的獨特性和優雅，也許慢慢對於保護自己的文化，會有更多的接力賽持續下去吧！

尾聲

近悅遠來同安樂

我的太太提出製作一本「同安樂食譜」的建議，讓食材、餐具、祭祀、歷史，由味覺、視覺轉化成為文字，一個個章節寫到這裡，是個美好的體驗，也等於回顧了四十多年來的我和兩百多年來的我的家族。

讓傳統再利用

陳悅記來自泉州同安，保存文化內涵眞可謂一條龍，軟硬體都有，有那麼多的故事可以說說，有傳承的食物可以吃吃，因此我獨樂樂不如衆樂樂，嘗試規劃一間名爲「同安樂」的傳統茶館和餐廳，插旗早期同安人的聚落大稻埕。

開店，起手式是先了解大稻埕當下能援用的傳統元素，像是茶、老字號茶點、八仙彩、泉州燈、布，思考如何跟老陳家的餐飲搭配呈現。再來就是回家翻箱倒櫃，找老照片，回顧百年前室內的布置和擺飾；也找找有什麼老物件可以陳列在店裡增添風采。不知道是心誠則靈，或是無巧不成書，一趟倉庫探訪，開啓了許多塵封的往事和文物，清朝的老服飾、官帽盒、老章子、點翠飾品、清朝官文書和契約。索性把重見天日的老家當整體修復、清理，成爲重大而饒富意義的工程。許多從小只有聽說，但是不曾見的美麗物件一一呈現，歷史太厚重，一時之間還眞的很難消化。

老服飾瞬間成爲牆上展示的重要裝飾，另外就再買了兩盞泉州燈，用現代的彩繪方式成爲掛在騎樓大門上的吊燈，委請老字號繡莊製作新款八仙彩，換上時尚些的顏色並繡上店名，掛在門頭；其餘文物就做個小型的老家族展覽，拋磚引玉一下。步入同安樂，背景音樂是南音、北管，以及古琴。茶，是讓大稻埕百多年前引領台灣經濟，嚴選好茶、搭配老字號的茶點十款，勾勒出中式下午茶。不想喝下咖啡因也沒關係，中藥熬煮的養生茶滋味也很好。

大環境創設好了，北台灣泉州同安老家族陳悅記的家宴菜隆重登場，伴隨展覽和講座烘托氣氛、寄望引起迴響。經營一個小店鋪，生意終歸有起有落，意在延續文化生命不是利潤導向，小日子也挺開心。幾次媒體想採訪陳悅記家傳菜餚，需要有人解說每一道菜，我都事先請媽媽做準備，畢竟只有透過母親的描述最爲權威，可謂「女人心海底針」，媽媽總是一副事不關己的態度，還帶著小害羞說不要不要，千萬別讓她對著媒體鏡頭。

有一次採訪當天，我刻意帶媽媽到店裡，突然告訴她有訪問，百般不願意的母親，又瞬間整理好儀容，塗上淡淡口紅，超有精氣神的，面對鏡頭侃侃而談。大半輩子，母親的雙手來來回回料理這些祭祀菜品算不清楚次數了，如今，陳家美味佳餚，從老陳家一代代大內主管手中，要把棒子交給求職的廚師一起共襄盛舉，媽媽很不放心，深怕味道「走鐘」。於是，我的太太提出製作一本「同安樂食譜」的建議，讓食材、餐具、祭祀、歷史，由味覺、視覺轉化成爲文字，一個個章節寫到這裡，是個美好的體驗，也等於回顧了四十多年來的我和兩百多年來的我的家族。

經營同安樂之前，我在大陸工作了十多年；其實，讓中國傳統文化、手藝、特色產品能夠現代化，繼續走下去，是我在大陸期間一直努力做的事業，因爲我認爲，深厚的文化積累如果完全沒有升級成爲能利用的資產，相當可惜。

孕育自己的文化失去了運用的市場，失去了競爭力，也失去了品牌能量，沒了精品、老字號撐了幾百年逐漸江河日下，匿蹤在自己的土地上；搞笑的是媒體一天到晚報導日本有哪些老字號、歐洲有那些老品牌，沒有人捫心自問：爲什麼國人不愛用不支持，原來屬於自己的味道？喔，因爲我們喜新厭舊，或是求時尙若渴，抑或是商業利益驅使的大輪推波助瀾，無孔不入的廣告策略，強加外來新事物到大衆的腦海，然後進攻我們的荷包。

於是國人競相驚豔外來物品，連法國的馬卡龍、可頌都要繪聲繪影地推崇到極致，講究到鉅細靡遺，我的內心很不是滋味，因爲就在書寫這段文字的幾天前，無意間收聽到廣播節目中，如何形容法國馬卡龍是最好吃的甜點、可頌是多麼重要的早餐，一定要到法國哪裡去才能找到最正宗的，我當然能夠合理地推測這是業務配合的廣告內容，但是提供外來文化和消費品攻城掠地的土壤，是我們自己，也許就是晚清買辦的無限延續。

我們這一代人，主動積極點可以將傳統美好的一面發揚光大，讓自己的文化繼續留給下一代，讓他們有權利擁有、保存和操作得好，下一代可以在文化的層次上重新回歸走路有風的年代。

台灣文藝復興將精彩絶倫

如果到霧峰林家走一趟，重建之後的宅第讓工作人員喜形於色。曾經有幸聆聽掌門人林俊明先生的導覽，每一塊匾額、每一扇窗，都能有許多典故，但是最感動的，則是如何修復百多年的門神，風華再現。林先生從審美、從色彩、從傳統用料，可以讓文化再次閃耀，他談得眉飛色舞。

文山劉家，對於文山、景美一帶的貢獻不小，代表人物劉廷玉也是師從陳維英。劉氏宗親歷經許多波折，終於能夠和新北市政府折衝後，重建老宅，他們開始積極串聯產官學界，研究自家歷史，希望找回文化脈絡。蘆洲李宅，保存良好，古蹟內部各個角落蒐羅不少具有年代感的物品，復刻當年生活的景像。

新竹鄭家，可說是陳悅記兩百年前的同盟、生意夥伴、姻親，祭祖隆重儀式保留至今，城隍廟的歷次燈節活動都有鄭家後人鼎力運作，扛住傳承和向心力，難能可貴。更多的客家宗族用各種方式留下記憶，像是北埔姜家，中生代親自領銜做導覽志工，親自經營自媒體，在老宅裡學辦各式藝文和親子活動。從這諸多的現況看來，有一群人仍在堅守著，但是感染力少了點勁道，年輕人的共襄盛舉還是顯得薄弱。我在想，也許是整體社會氛圍還沒有塑造完善，從幼兒開始的學校教育、從娛樂生活和媒體的普及，都還需要政府攜手灌注更多的心力。

話說從頭，在當年對所有的老家族來說，保護家族最大的利益就是社會穩定發展、良好傳承，老師府陳悅記只是其中一個例子。修宮廟、建書院、緊密社會聯繫、推廣文教、支持藝術，從社會取得資本後繼續回饋給鄉里社會，造成良性循環；家族之間競爭又合作，帶著台灣往前，這才是眞的向上提升的力量，當然不會是選舉口號；所以北台灣發展神速，經濟和文教在清朝中期開始齊頭並進，創造許多的高度，完善結構性的必然結果。

同安樂身處的大稻埕，就是最佳的見證。不同家族苦心經營，投入書院、廟宇和商業街廓的興建。書院培育出一批批的士子，參與政府或是地方治理，宮廟落成樹立族群和信仰中心。地方仕紳合縱連橫、社會救助協力經貿，類似的連續劇情節不是只有在描述徽商、晉商的影片才有，大稻埕在國際經貿的風起雲湧毫不遜色。

曾幾何時，這最接近當代的故事、最接地氣的台灣內涵，怎麼都摸不著了！現在流行的懷舊餐館，提不起大稻埕的精彩絕倫，說不了台北當時的冠蓋雲集，因爲歷史缺失、傳承不再，主流的風貌都是在重現台灣刻苦時期的諸多元素：地瓜稀飯、豬油拌飯、菜脯蛋；或是眷村大江南北融合菜，展現當時就地取菜、因地制宜、想到老家有什麼就料理什麼的情懷。

這是一種特殊時期的特殊記憶，很有意思。不過，台灣在過去兩百年，隨著貿易興盛、地緣政治環境優越、物產富饒，全民克難貧苦的時期畢竟不是多數時間，但是卻成為懷舊的主題。

三百年前，先民延續中國文化的脈絡，從台灣南到台灣北，隨著紅磚厝一一平地而起，宮廟、商業街廓人潮聚集，糕餅鋪、茶樓酒肆、戲曲軒社、詩社畫社，諸如種種的繁華優雅、氣宇日上，是為何清政府後期之所以積極經營、列強希望開港通商、日本軍閥垂涎不已、虎視眈眈的印證。傳統文化的存續，把故事說大說好，能夠展現自己生長土地的應有內涵，大龍峒也好、大稻埕和艋舺也好，不會變成老舊社區、年輕人口外移、乏善可陳的代表，是可以轉化為有深度、有感覺，是凝聚國人、對下一代教育、對外國人行銷很好的工具，做得極致、發揚光大，可以讓以後的台灣人走路有風，感覺回到萬邦景仰的那些年代。

歐洲中世紀曾經有一段，相較於當時前後的社會狀態，顯現出統治腐敗、萬事萬物較爲黯淡的時期，歷史上稱呼那是「黑暗時代」。黑暗時代讓有識之士太悶、太嫌棄了，開始對於社會亂象有新的思考檢視，對古羅馬傳承的典籍重新學習，喚醒文化藝術的追求，在貿易鼎盛的義大利佛羅倫斯、托斯卡納形成風氣，紛紛懷念曾經的輝煌燦爛，社會慢慢產生了覺醒，在這個反思和轉變中、帶領廣泛文藝復興運動的正是在當地統領的大家族。幾百年來沒落的古典文學、哲思、政治觀念、藝術、戲曲被大規模的提倡與重新論述，於是，歐洲開始走上興盛而百花齊放的大發展。

台灣是不是也需要一次大大的文藝復興運動！也因此在同安樂開業後不久，我開始邀請能夠聯繫上的老家族後人，組織社團、互通有無。若有朝一日，大家重新激發起先祖拚搏精神，善用大家的資源互相合作，也許，台灣也能有文藝復興，能夠以自己原生的文化內涵引領中華文化的流行，追上義大利掀起文藝復興的成就！遙想八百年前，義大利的馬可孛羅可是從泉州上岸，他放眼望去滿眼盡是繁華文明、驚嘆不已！這般的風采、這般的底蘊，老家族們找找看看，依舊可得。

存放記憶與文化的餐桌

我超級愛吃辣又能吃，不過吃辣應該不會是遺傳。可能是身處在愛吃辣的父親身邊逐漸養成的。辣椒是後起之秀，明朝才傳入中國，不但改變了我家的餐桌，中國泰半菜系無辣不歡，台灣名聞遐邇的麻辣火鍋、臭臭鍋，是辣椒成就了它們。辣椒如同花生，這兩味都是明朝才踏上中土，但是卻跟中國的飲食密不可分。外來物種源源不斷，歷史上幾乎都融入到我們的飲食文化，讓中國菜系的疆土版圖不停擴大，壯大再壯大。波斯來的嗩吶、源自於西北少數民族的胡琴，一路到了福建，再到台灣，北管樂團、老師府陳悅記的戲班子少不了它們，過去婚葬喜慶不能沒有嗩吶、胡琴。數千年來，中國文化圈像是黑洞，不斷吸收外來的元素，一個個在中國成了文化DNA，卽便元朝、清朝、日本的統治，一開頭都企圖壓制中國文化，但怎麼都改變不了強韌的包容性，更可以說是同化性，所以威武不能屈。我們把外來文化吃下去了然後消化吸收，孕育新的肉，長在中國傳統的身上，身強體壯撼動四方。

所以我吃辣是因爲環境使然，如同中國有句成語叫耳濡目染，吃得好保健康，燒高香保平安，這些話語一直在我們左右。但是，除此之外，從小學校和媒體教的大多是外來的文化、藝術、邏輯思維、生活習慣，外來的都成爲主修和必修，自己原本的一切都成了選修或是不用修，原本強而有力的文化引擎再也無法把中國概念推到國際！

焦躁的自我否定過程，從上而下短視近利，求快、求短效。幼兒園開始，音樂學的是五線譜黑白鍵，所以古琴跑到博物館；服裝穿的是小西裝襯衫格子裙，漢服莫名其妙地變成高端酒店的睡衣浴袍；百家爭鳴的子學，中文系才讀，榫卯大木作不如巴洛克時尚，請客吃飯得要洋酒，西方體育全面在校園扎根，傳統的武術和鍛鍊變成老人家在公園的活動。即便如此，可憐的是在國際競技場，我們拚了老命還是技不如人。因而最多人口、歷史最久的中國，如今尷尬地沒能產出一本書、一首歌、一部片子、一個品牌能席捲世界被人熟知，想要追趕當時的武力強國，百年過後愈來愈不如我們的老祖宗英勇瀟灑。打麻將說是聚賭，但是可以打撲克牌，殊不知當年歐美還有麻將學會；談風水說是迷信，但是可以用我是處女座黑我，殊不知《易經》對西方人來說可是高山仰止。這一切，在五四運動後就回不來了！知識份子瘋狂膜拜歐美的科學教育，認定我們是沒有科學的民族，於是全面否定自己。

中國有沒有科學？你問問魯班、墨子、李冰、張衡、落下閎、杜詩、賈思勰、祖沖之、沈括、楊忠輔、秦九韶等人；而醫學上論證的成就，華佗、張仲景、李時珍，讓傳染病和疑難雜症，在中國生存不下去。集大成的《營造法式》、《天工開物》，歷朝歷代都有不同的里程碑。如果可以不企圖推翻、否定自己，等於爲自己保留了一條可以選擇的路。於是在「吃字這條路」，中國表現的科學不落人後，五四運動的那一代人幸好也繼續吃著家鄉菜，飲食的輝煌留下傳統文化的一絲命脈。

於是，我這本雜談是從飲食切入，用飲食科學拋磚引玉一下。當然，寄託於文字，是想為這個看似輝煌但是空心的年代，留下自己的見證。諸多傳統文化的不幸與悲劇下，老師府陳悅記在外來文化壓境的夾縫中生存著，我得記錄。

族譜、祭祀、字畫、服飾、祖宅、匾額、旗桿、陰宅，系列圍繞家祖的軟硬體，有的毀損、失竊，有些儀式被某些族人放下遺忘；更可惜的是，親戚對於自家歷史脈絡不了解，享受先人恩澤卻沒有維繫和回報的念頭。不過老天眷顧，十有七八還能修繕、修復、保存。幾年來參與其中，慢慢整理，我從憤青嘴臉轉而協助古蹟的修復落地、文物修繕保存；透過餐廳經營，尋味因慎終追遠而保存的老菜餚。

這本書除了是我宣洩對現況無力的出口，也是從慎終追遠的家庭環境，看到自己文化的美好與獨特！

然後，我要驕傲地說，我們的信仰祭祀、飲食傳承、背誦的詩詞、先祖的事蹟，使用的閩南語，恰是正統的中土的思想與體現，感謝台灣這片土地在百多年的文化摧殘下，還有一席之地能存放這些記憶與文化。